# 일력 사용법: 1~5일차

☞ 3단계 학습법을 통해 재미있고 깊이 있게 학습할 수 있습니다.

날짜 옆에 특별한 날

과목 표시

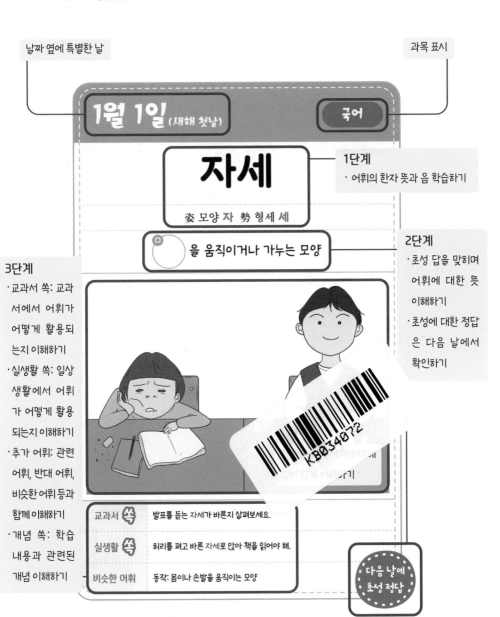

**1월 1일** (새해 첫날)

국어

# 자세

姿 모양 자 勢 형세 세

○ ___을 움직이거나 가누는 모양

**1단계**
· 어휘의 한자 뜻과 음 학습하기

**2단계**
· 초성 답을 맞히며 어휘에 대한 뜻 이해하기
· 초성에 대한 정답은 다음 날에서 확인하기

**3단계**
· 교과서 쏙: 교과서에서 어휘가 어떻게 활용되는지 이해하기
· 실생활 쏙: 일상생활에서 어휘가 어떻게 활용되는지 이해하기
· 추가 어휘: 관련 어휘, 반대 어휘, 비슷한 어휘 등과 함께 이해하기
· 개념 쏙: 학습 내용과 관련된 개념 이해하기

| 교과서 쏙 | 발표를 듣는 자세가 바른지 살펴보세요. |
| 실생활 쏙 | 허리를 펴고 바른 자세로 앉아 책을 읽어야 해. |
| 비슷한 어휘 | 동작: 몸이나 손발을 움직이는 모양 |

다음 날에 초성 정답

☞ 7일 프로젝트: 어휘 학습 5일 + 학습한 어휘 정리 퀴즈 1일 + 사자성어 & 속담 1일 루틴으로 학습합니다.

6일째 되는 날: 한 주 동안 학습한 5개 어휘 정리

# 1월 6일

## 이번 주 어휘

자세, 까닭, 문장, 문장 부호, 겨

**1단계**
· 이번 주 학습한 어휘 떠올려 보기

✿ 이번 주 어휘를 보며 아래의 뜻을 표의 가로, 세로, 대각선에서 찾아보세요.

| 자 | 호 | 겨 | 마 | 과 |
|---|---|---|---|---|
| 작 | 세 | 지 | 루 | 수 |
| 문 | 장 | 사 | 오 |  |
| 호 | 까 | 닭 | 세 |  |

· 몸을 움직이거나 가누는 모양

· 일이 생기게 된 이유나 조건

· 말이나 글로 생각을 나타내는 가장 작은 단위

· 서로 버티어 승부를 다투다.

**2단계**
· 어휘에 대한 뜻을 생각해 보며 다양한 형식의 퀴즈 풀기
· 퀴즈 형식 : 가로 세로 대각선 낱말 찾기, 사다리 타기, 빈칸 채우기, 선 잇기, OX 퀴즈, 낱말 퍼즐 등
· 정답은 다음 날에서 확인하기

### 스스로 평가

| | |
|---|---|
| 정확하게 이해했나요? | ☆☆☆ |
| 요? | ☆☆☆ |

**3단계**
· 스스로 평가 : 이번 주 학습에 대해 스스로 평가하기
· 잘함(★★★), 보통(★★), 노력 요함(★)

☞ 재미있는 삽화로 관련 내용을 쉽게 이해할 수 있습니다.

7일째 되는 날: 초등학생이 꼭 알아야 하는 필수 속담과 사자성어 학습

## 1월 7일

어휘 ➕

# 공든 탑이 무너지랴

온 힘과 정성을 다하면 결과가 헛되지 않는다.

**1단계**
· 속담 & 사자성어에 대한 뜻을 보며 내용 이해하기

**2단계**
· 삽화를 보며 내용 쉽게 이해하기

벽돌로 정성껏 지어진 셋째 돼지의 집은 늑대가 아무리 입김을 불고 몸을 부딪혀 봐도 부서지지 않았어요. 첫째 돼지와 둘째 돼지는 그 모습을 보며 생각했어요. '공든 탑이 무너지랴.'는 말이 있듯 셋째 돼지처럼 정성껏 집을 지을걸!'

**3단계**
· 재미있는 이야기를 통해 속담 & 사자성어 이해하기

| 자 |  | 겨 |  |  |
|---|---|---|---|---|
|  | 세 |  | 루 |  |
| 문 | 장 |  |  | 다 |
|  | 까 | 닭 |  |  |

'정리 쏙쏙' 정답

정답

# 자세

姿 모양 **자** 勢 형세 **세**

 을 움직이거나 가누는 모양

| 교과서 쏙 | 발표를 듣는 자세가 바른지 살펴보세요. |
| --- | --- |
| 실생활 쏙 | 허리를 펴고 바른 자세로 앉아 책을 읽어야 해. |
| 비슷한 어휘 | 동작: 몸이나 손발을 움직이는 모양 |

다음 날에 초성 정답

# 까닭

일이 생기게 된   나 조건

| | |
|---|---|
| **교과서 쏙** | 콩쥐가 울고 있는 까닭은 무엇일까요? |
| **실생활 쏙** | 엄마가 화가 난 까닭은 무엇일까? 내가 뭘 안 했더라? |
| **비슷한 어휘** | 원인: 어떤 상황을 일어나게 하는 일이나 사건<br>근거: 어떤 일이나 의견의 까닭 |

정답
몸

# 문장

文 글월 문 章 글 장

말이나 글로  을 나타내는 가장 작은 단위

사 과

사과는 빨갛다.

빨 강

## 문장 X              문장 O

| 교과서 쏙 | 또박또박 큰 소리로 문장을 읽어 보세요. |
| --- | --- |
| 실생활 쏙 | 문장의 끝에 마침표를 빠트렸어. |

**개념 쏙**

낱말: 뜻을 가지고 있는 낱개의 말

| 낱말 | | 문장 |
| --- | --- | --- |
| 사과 | 빨강 | 사과는 빨갛다. |

# 문장 부호

文 글월 문  章 글 장  符 부호 부  號 이름 호

문장을 쓴 의도를  하기 위한 부호

지금···

어디 가니!

지금

어디 가니?

| 교과서 쏙 | 문장 부호에 따라 느낌이 어떻게 다른지 문장을 읽어 보세요. |
| --- | --- |
| 실생활 쏙 | 물어보는 말에는 문장 부호인 물음표를 쓰자. |

개념 쏙

다양한 문장 부호

| , | . | ? | ! | ( ) |
| --- | --- | --- | --- | --- |
| 쉼표 | 마침표 | 물음표 | 느낌표 | 괄호 |

정답
생각

# 겨루다

서로 버티어   를 다투다.

| | |
|---|---|
| 교과서 쏙 | 누가 더 힘이 센지 겨루어 볼까요? |
| 실생활 쏙 | 누가 수학 시험 점수를 더 받는지 겨루어 보자. |
| 비슷한 어휘 | 가리다: 여럿 가운데서 하나를 구별하여 고르다.<br>견주다: 두 물건이 어떤 차이가 있는지 알기 위해 서로 대어 보다. |

정답 전달

# 1월 6일

## 이번 주 어휘

# 자세, 까닭, 문장, 문장 부호, 겨루다

☆ 이번 주 어휘를 보며 아래의 뜻을 표의 가로, 세로, 대각선에서 찾아보세요.

| 자 | 호 | 겨 | 마 | 과 |
|---|---|---|---|---|
| 작 | 세 | 지 | 루 | 수 |
| 문 | 장 | 사 | 오 | 다 |
| 호 | 까 | 닭 | 세 | 등 |

· 몸을 움직이거나 가누는 모양

· 일이 생기게 된 이유나 조건

· 말이나 글로 생각을 나타내는 가장 작은 단위

· 서로 버티어 승부를 다투다.

### 스스로 평가

| 이번 주 어휘의 뜻을 정확하게 이해했나요? | ☆☆☆ |
|---|---|
| 정리 쏙쏙을 잘 맞혔나요? | ☆☆☆ |

정답
승부

# 공든 탑이 무너지랴.

온 힘과 정성을 다하면 결과가 헛되지 않는다.

벽돌로 정성껏 지어진 셋째 돼지의 집은 늑대가 아무리 입김을 불고 몸을 부딪혀 봐도 부서지지 않았어요. 첫째 돼지와 둘째 돼지는 그 모습을 보며 생각했어요.

'공든 탑이 무너지랴.'는 말이 있듯 셋째 돼지처럼 정성껏 집을 지을걸!'

| 자 |  | 겨 |  |  |
|---|---|---|---|---|
|  | 세 |  | 루 |  |
| 문 | 장 |  |  | 다 |
|  | 까 | 닭 |  |  |

정답

# 겪다

어떤 일을 당하거나 실제로  해 본 것

| | |
|---|---|
| 교과서 쏙 | 하루 동안에 겪은 일을 떠올려 보세요. |
| 실생활 쏙 | 여름 방학에 겪었던 일을 떠올리며 일기를 써 보자. |
| 비슷한 어휘 | 경험: 자신이 실제로 해 본 것<br>느끼다: 마음 속으로 어떤 감정을 체험하다. |

# 흉내 내다

남이 하는 말이나   을 그대로 따라 하다.

깡총~

| | |
|---|---|
| **교과서** 쏙 | 동물의 소리와 움직임을 흉내 내요. |
| **실생활** 쏙 | 지오는 자리에서 일어나 유명한 가수의 춤을 흉내 냈다. |
| **비슷한 어휘** | 모방: 다른 것을 그대로 본떠서 만들거나 따라 함.<br>시늉: 어떤 모양, 움직임을 흉내 내어 꾸미는 것 |

정답
경험

# 장면

場 마당 장  面 낯 면

이야기책, 영화, 연극에서 어떤 일이 일어나는

| 교과서 🧠 | 이야기를 읽고 떠오르는 장면을 말해 보세요. |
| 실생활 🧠 | 이 만화의 첫 장면은 넓은 들판을 배경으로 시작해. |
| 비슷한 어휘 | 신(scene): 연극, 영화에서 장면을 표현하는 외래어 |

정답 행동

# 1월 11일

# 머쓱하다

무안하거나 흥이 꺾이어   하다.

| | |
|---|---|
| 교과서 쓱 | 원숭이와 기린이 싸우고 있었어요. 지나가던 토끼가 둘다 잘못했다고 지적하자 원숭이와 기린은 그제야 머쓱해 하며 마주 보고 웃었지요. |
| 실생활 쓱 | 정우는 지민이를 좋아하는 마음이 들킨 것 같아 머쓱해서 머리를 긁적였다. |
| 비슷한 어휘 | 멋쩍다: 어색하고 쑥스럽다. |

정답 모습

# 대상

對 대할 대  象 코끼리 상

어떤 일의   나 목표가 되는 것

| 교과서 쏙 | 친구들에게 설명할 대상을 한 가지 정해 보세요. |
|---|---|
| 실생활 쏙 | 우리 반 친구들을 대상으로 수수께끼를 내자. |
| 비슷한 어휘 | 상대: 서로 마주한 사람이나 대상 |

정답
어색

## 이번 주 어휘

# 겪다, 흉내 내다, 장면, 머쓱하다, 대상
(겪었던)　　(흉내 내며)　　　　　　　　(머쓱)

☆ 이번 주 어휘를 보고 빈칸에 들어갈 어휘를 생각해 보세요.

1. 초등학교 1학년을 (　　　　　　　　　　)으로 설문조사를 하고 있습니다.

2. 호영이는 아나운서의 말투를 (　　　　　　　　) 말했다.

3. 네가 (　　　　　　　) 일 중에 가장 기억에 남는 일은 뭐야?

4. 이 (　　　　　　)에서는 토끼처럼 깡충깡충 뛰어야 해.

5. 괜히 (　　　　　　　)해서 헛기침이 나오네.

### 스스로 평가

| | |
|---|---|
| 이번 주 어휘의 뜻을 정확하게 이해했나요? | ☆☆☆ |
| 정리 쏙쏙을 잘 맞혔나요? | ☆☆☆ |

정답 상대

# 개과천선

改 고칠 **개**　過 지날 **과**　遷 옮길 **천**　善 착할 **선**

## 잘못을 뉘우치고 착하게 바뀌다.

잘못했어요 ㅠㅠ

부자가 된 흥부는 형인 놀부에게 같이 살자고 했어요. 그러자 놀부는 욕심 많고 심술궂던 자신의 과거를 반성했지요. 마을 사람들은 서로를 위하는 흥부와 놀부 형제를 보며 말했어요.

"놀부가 개과천선하여 우애 깊은 형제가 되니 참 보기 좋네~."

## 1. 대상　2. 흉내 내며　3. 겪었던　4. 장면　5. 머쓱

정답

# 세다

 를 헤아리다.

**3**

**4**

**5**

| 교과서 쏙 | 수를 세어 보세요. | | |
|---|---|---|---|
| 실생활 쏙 | 책상의 수를 세어 보자. | | |
| 개념 쏙 | 수를 세는 여러 가지 방법 | 하나씩 세기 | 1, 2, 3, 4, 5 ··· |
| | | 뛰어서 세기 | 2, 4, 6, 8, 10 ··· |
| | | 묶어서 세기 | (1, 2), (3, 4), (5, 6) ··· |

# 순서

順 순할 순 序 차례 서

일이 이루어지는

| | | | | |
|---|---|---|---|---|
| **1** 첫째 | **2** 둘째 | **3** 셋째 | **4** 넷째 | **5** 다섯째 |
| 여섯째 **6** | 일곱째 **7** | 여덟째 **8** | 아홉째 **9** | 열째 **10** |

| 교과서 ✏️ | 수를 순서대로 적어 보세요. |
|---|---|
| 실생활 ✏️ | 10부터 1만큼 큰 수를 순서대로 다섯 개 적었어. |
| 관련 어휘 | 번째: 차례나 횟수를 나타내는 말 |

정답
수

# 크다

수나 크기 등이 기준을  다.

---

다음 중 더 큰 쪽에 동그라미를 치세요.

---

| 교과서 쏙 | 99보다 1만큼 더 큰 수를 100이라고 하고, 백이라고 읽습니다. |
|---|---|
| 실생활 쏙 | 번갈아 더 큰 수 말하기 놀이를 해 보자. |

| 개념 쏙 | 비교하는 표현 | |
|---|---|---|
| | 크다 ↔ 작다 | 길다 ↔ 짧다 |
| | 무겁다 ↔ 가볍다 | 넓다 ↔ 좁다 |
| | 많다 ↔ 적다 | 높다 ↔ 낮다 |

정답 차례

# 1월 18일

수학

# 모으다

한데 (흥)(춧)다.

2        3

5

| 교과서 쏙 | 10을 이용하여 모으기와 가르기를 해 보세요. |
| 실생활 쏙 | 모으기를 많이 해 봤더니 덧셈이 쉽다. |
| 반대 어휘 | 가르다: 한 수를 두 개 이상의 수로 나누다. |

정답
넘(다.)

# 짝수

둘씩 을 지을 수 있는 수

11은 홀수입니다.

12는 짝수입니다.

| 교과서 쏙 | 다음 수의 배열에서 짝수를 찾아 동그라미를 칩니다. |
|---|---|
| 실생활 쏙 | 우리 반 친구들은 18명으로 짝수야. |
| 반대 어휘 | 홀수: 둘씩 짝을 지을 수 없는 수 |

정답
합치(다.)

# 1월 20일

## 이번 주 어휘

# 세다, 순서, 크다, 모으다, 짝수

☆ 이번 주 어휘를 보고 그 뜻을 생각하며 문제를 풀어 보세요.

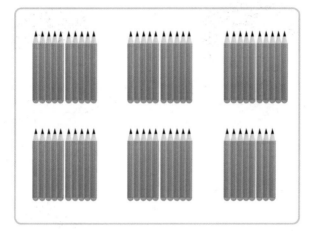

1. 연필의 수를 세어 쓰고 읽어 보세요.

   (쓰기:                          읽기:                                        )

2. 연필의 수는 60보다 크다.  (O, X)

3. 연필의 수는 (짝수, 홀수)이다.

### 스스로 평가

| | |
|---|---|
| 이번 주 어휘의 뜻을 정확하게 이해했나요? | ☆☆☆ |
| 정리 쏙쏙을 잘 맞혔나요? | ☆☆☆ |

정답
짝

어휘 ➕

# 간 떨어지다.

순간적으로 몹시 놀라다.

1. 쓰기: 58, 읽기: 오십팔/쉰여덟   2. X   3. 짝수

정답

# 장소

場 마당 **장** 所 바 **소**

어떤  이 일어나는 곳

| 교과서 쏙 | 고장에는 공원, 학교, 산, 시장 등 여러 장소가 있습니다. |
| --- | --- |
| 실생활 쏙 | 우리 오늘 5시에 약속 장소에서 만나자! |
| 비슷한 어휘 | 곳: 어떤 자리나 지역<br>공간: 어떤 것이 존재하는 자리 |

# 고장

사람들이 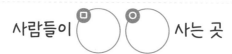 사는 곳

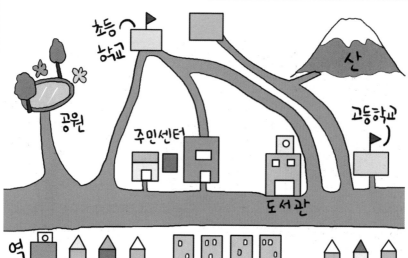

| 교과서 쏙 | 사람들은 고장의 여러 장소를 이용하여 생활합니다. |
|---|---|
| 실생활 쏙 | 나는 생활하기가 편한 우리 고장이 좋아. |
| 비슷한 어휘 | 지역: 전체 사회를 어떤 특징으로 나눈 일정한 공간 영역 |

정답
일

# 문화유산

文 글월 **문** 化 될 **화** 遺 남길 **유** 産 낳을 **산**

옛날부터 전해 내려온 것 중

다음 세대에 전해 줄 만한  가 있는 것

| 교과서 쏙 | 우리 주변에는 공예품, 건축물, 춤, 음악 등 다양한 문화유산이 있습니다. |
|---|---|
| 실생활 쏙 | 우리 고장의 문화유산인 장승을 조사해 보자. |
| 개념 쏙 | 유형 문화재: 형태가 있는 문화유산(책, 그림, 공예품)<br>무형 문화재: 형태가 없는 문화유산(춤, 음악, 연극) |

정답
모여

# 교통수단

交 사귈 **교** 通 통할 **통** 手 손 **수** 段 층계 **단**

 이 이동하거나 물건을 옮기는 데 사용하는 도구

| 교과서 쏙 | 기차, 자동차, 배, 비행기 등을 교통수단의 예로 들 수 있습니다. |
| --- | --- |
| 실생활 쏙 | 낙타는 사막의 중요한 교통수단 중 하나야. |
| 관련 어휘 | 대중교통: 버스나 지하철과 같이 여러 사람이 이용하는 교통수단 |

정답 가치

# 통신 수단

通 통할 **통** 信 믿을 **신** 手 손 **수** 段 층계 **단**

사람들이 소식이나  를 주고받을 때 이용하는 도구

| 교과서 쏙 | 전화기, 편지, 텔레비전 등을 통신 수단의 예로 들 수 있습니다. |
|---|---|
| 실생활 쏙 | 통신 수단이 발달하면서 휴대 전화를 이용해 어디서나 정보를 주고받을 수 있어. |
| 관련 어휘 | 통하다: 어떤 곳에 무엇이 지나가다.<br>어떤 곳으로 이어지다. |

정답
사람

# 1월 27일

## 이번 주 어휘

장소, 고장, 문화유산, 교통수단, 통신 수단

☆ 이번 주 어휘를 보며 아래의 뜻을 표의 가로, 세로, 대각선에서 찾아 보세요.

| 지 | 소 | 작 | 고 | 체 |
|---|---|---|---|---|
| 문 | 화 | 유 | 산 | 장 |
| 장 | 밭 | 움 | 명 | 나 |
| 소 | 교 | 통 | 수 | 단 |

· 옛날부터 전해 내려온 것 중 다음 세대에게 전해 줄 만한 가치가 있는 것

· 사람들이 모여 사는 곳

· 사람이 이동하거나 물건을 옮기는 데 사용하는 도구

· 어떤 일이 일어나는 곳

### 스스로 평가

| 이번 주 어휘의 뜻을 정확하게 이해했나요? | ☆☆☆ |
|---|---|
| 정리 쏙쏙을 잘 맞혔나요? | ☆☆☆ |

정답
정보

# 길고 짧은 것은 대어 봐야 안다.

실제로 겨루거나 겪어 보아야 확실히 알 수 있다.

"당연히 토끼가 이기겠지!"

모두의 예상을 깨고 거북이가 토끼보다 결승선을 먼저 통과했어요. 토끼는 여유를 부리며 중간에 낮잠을 잤지만, 거북이는 쉬지 않고 달렸기 때문이에요. "길고 짧은 것은 대어 봐야 안다더니…. 동물사에 길이 남을 일이다!"

|  |  |  | 고 |  |
|---|---|---|---|---|
| 문 | 화 | 유 | 산 | 장 |
| 장 |  |  |  |  |
| 소 | 교 | 통 | 수 | 단 |

# 탐구

探 찾을 **탐** 究 연구할 **구**

진리, 학문 따위를 파고들어 깊이   함.

| 교과서 🧠 | 궁금증 해결을 위해 탐구할 것을 생각해 보세요. |
|---|---|
| 실생활 🧠 | 실험 관찰 책에 탐구한 결과를 기록해 보자. |
| 관련 어휘 | 탐색: 드러나지 않은 사물이나 현상 따위를 찾아내거나 밝히기 위하여 살피어 찾음. |

# 실험

實 열매 **실** 驗 시험 **험**

과학에서 이론이나 현상을   하고 측정함.

| 교과서 🧠 | 실험 내용 및 실험 기구의 사용 방법을 알고 실험해 보세요. |
|---|---|
| 실생활 🧠 | 실험할 때 가장 중요한 것은 안전 수칙을 지켜 다치지 않는 거야. |
| 개념 🧠 | 실험 도구: 비커, 삼각 플라스크, 눈금실린더, 스포이트, 시험관, 알코올램프, 삼발이 등 |

정답
연구

# 관찰

觀 볼 **관** 察 살필 **찰**

사물이나 현상을 주의하여  살펴봄.

| | |
|---|---|
| **교과서 쏙** | 과학자는 오감을 이용하여 탐구 대상을 관찰합니다. |
| **실생활 쏙** | 개미를 돋보기로 관찰해 보니 몸이 머리, 가슴, 배로 나누어져 있구나! |
| **비슷한 어휘** | 관측: 자연 현상, 특히 천체나 기상의 상태, 변화 따위를 관찰하여 측정하는 일 |

정답
관찰

# 측정

測 헤아릴 **측** 定 정할 **정**

도구를 사용하여 양이나 크기를 .

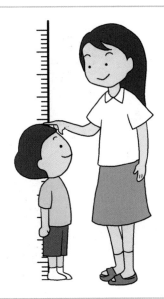

| | |
|---|---|
| 교과서 **쏙** | 과학자는 알맞은 도구를 사용해 탐구 대상의 길이, 무게, 부피, 시간 등을 측정합니다. |
| 실생활 **쏙** | 맥박은 손목에 손가락을 대서 측정해 볼 수 있어. |
| 개념 **쏙** | 측정 도구: 자(길이), 저울(무게), 눈금실린더(액체의 부피) |

정답
자세히

# 분류

分 나눌 분 類 무리 류

  에 따라서 가름.

| | |
|---|---|
| 교과서 쏙 | 과학자는 관찰한 내용에서 특징을 찾고 기준을 세워 분류합니다. |
| 실생활 쏙 | 새를 관찰하고 부리의 특징에 따라 분류해 보자! |
| 개념 쏙 | 분류할 때에는 명확한 기준에 따라야 합니다. |

정답
쟁

## 이번 주 어휘

# 탐구, 실험, 관찰, 측정, 분류

☆ 이번 주 어휘를 보고 그 뜻을 생각하며 사다리타기를 해 보세요.

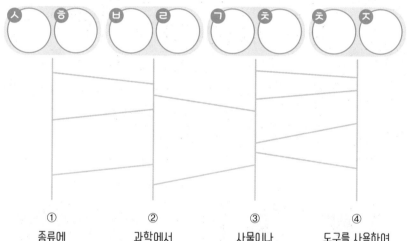

① 종류에
따라서 가름.

② 과학에서
이론이나 현상을
관찰하고 측정함.

③ 사물이나
현상을 주의하여
자세히 살펴봄.

④ 도구를 사용하여
양이나 크기를 잼.

### 스스로 평가

| | |
|---|---|
| 이번 주 어휘의 뜻을 정확하게 이해했나요? | ☆☆☆ |
| 정리 쏙쏙을 잘 맞혔나요? | ☆☆☆ |

정답
종류

# 2월 4일

# 군침이 돌다.

무엇을 먹고 싶거나 가지고 싶다.

실험-②   분류-①   관찰-③   측정-④

정답

# 인물

人 사람 인 物 물건 물

 에 나오는 사람이나 동물

| 교과서 | 이야기를 읽고 인물의 모습과 행동을 상상해 보세요. |
|---|---|
| 실생활 | 이 인물은 지금 울고 있어서 슬픈 목소리로 표현해야 해. |
| 관련 어휘 | 등장인물: 연극, 영화, 소설에 나오는 인물<br>역할: 영화, 연극에서 배우가 맡아서 하는 임무 |

# 실감 나다

實 열매 **실** 感 느낄 **감**

  체험하는 느낌이 들다.

| 교과서 쏙 | 인물의 말과 행동을 실감 나게 따라 해 보세요. |
|---|---|
| 실생활 쏙 | 화면도 크고 소리도 크니 영화가 정말 실감 난다. |
| 비슷한 어휘 | 생생하게: 눈앞에 있는 것처럼 또렷하게 |

정답
이야기

# 경험

經 지날 경 驗 시험 험

자신이 ⓢ ⓩ ⓡ 해 보거나 겪어 보는 것

길을
잃었어요!!

| 교과서  | 시 속 인물과 비슷한 자신의 경험을 떠올려 보세요. |
| 실생활  | 〈헨젤과 그레텔〉을 읽으면서 내가 길을 잃은 경험이 떠올랐어. |
| 비슷한 어휘 | 체험: 자기가 직접 몸으로 겪음. |

정답
실제로

# 문득

생각, 느낌이 ⓖ ⓙ ⓖ 떠오르는 것, 또는

어떤 행동을 ⓖ ⓙ ⓖ 하는 것

| 교과서 쏙 | 빨강. 초록 색연필을 보니 문득 '신호등의 색깔은 왜 빨강, 초록일까' 하는 생각이 떠올랐어요. |
| 실생활 쏙 | 공원에 있던 나는 문득 고개를 들어 하늘을 올려다보았다. |
| 비슷한 어휘 | 불현듯: 불처럼 갑자기 어떤 생각이 걷잡을 수 없이 일어나는 것 |

정답
실제로

# 구르다

선 자리에서 발로 바닥을 힘주어   .

콩콩~

쿵쿵~

| 교과서 쏙 | 시를 손뼉을 치거나 발을 구르며 읽어 보세요. |
| --- | --- |
| 실생활 쏙 | 음악에 맞추어 발을 구르며 율동을 해 보자. |
| 다른 뜻도 있어요 | 구르다<br>- 둥근 물건이 돌면서 움직이다.<br>- 어떤 장소에서 누워서 뒹굴다. |

정답 갑자기

# 2월 10일

## 이번 주 어휘

# 인물, 실감 나다, 경험, 문득, 구르다
### (실감 나게)                                (굴렀다)

☆ 이번 주 어휘를 보고 빈칸에 들어갈 어휘를 생각해 보세요.

1. 그 학생은 화가 나자 교실 바닥을 발로 (                    ).

2. 날이 추워지자 (                    ) 뜨거운 군고구마가 생각났다.

3. 여름 방학의 (                    )을 다시 생각하며

   밀린 일기를 써야 한다.

4. 역할 놀이를 할 때에는 인물을 (                    ) 표현해야 해!

5. (                    ) 간의 관계를 생각하면 왜 그렇게 행동했는지

   더 잘 이해가 되네.

### 스스로 평가

| | |
|---|---|
| 이번 주 어휘의 뜻을 정확하게 이해했나요? | ☆☆☆ |
| 정리 쏙쏙을 잘 맞혔나요? | ☆☆☆ |

정답
치다

# 낮말은 새가 듣고 밤말은 쥐가 듣는다.

말을 조심해야 한다.

"헨젤과 그레텔을 살찌워서 맛있게 먹을 거야!"

깊은 밤, 마녀는 입맛을 다시며 음흉한 목소리로 혼잣말을 했어요. 그레텔은 마녀의 혼잣말을 듣고 대책을 세워 헨젤과 함께 마녀의 집에서 탈출했지요.

"낮말은 새가 듣고 밤말은 쥐가 듣는다더니…. 마녀가 조심하지 않은 덕분에 우리가 살았다!"

정답

1. 굴렀다   2. 문득   3. 경험   4. 실감 나게   5. 인물

# 자랑스럽다

남에게 드러내어  만한 데가 있다.

| 교과서  | 야구 시합에서 홈런을 쳤어요. 내가 너무 자랑스러워요! |
|---|---|
| 실생활 쓱 | 동생이 대회에 나가 상을 받다니 정말 자랑스럽다. |
| 비슷한 어휘 | 뽐내다: 자신의 능력을 보라는 듯이 자랑하다.<br>대견하다: 흐뭇하고 자랑스럽다. |

# 질투

嫉 미워할 **질** 妬 샘낼 **투**

자기보다 낫거나 뛰어난 사람을  하는 것

| 교과서 쏙 | 언니가 상을 타왔을 때, 나는 질투가 났습니다. |
| --- | --- |
| 실생활 쏙 | 네가 종이접기를 잘해서 칭찬받았을 때, 부럽기도 하면서 질투가 났어. |
| 비슷한 어휘 | 샘: 다른 사람의 것을 탐내거나 자신보다 나은 것을 미워하는 마음 |

정답 뽑낼

# 쓰임새

쓰이는 용도,

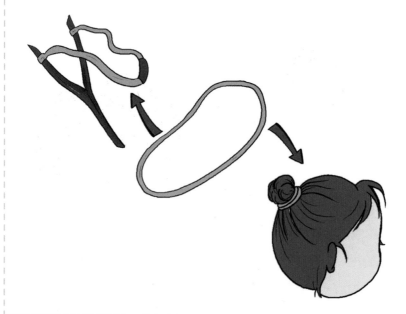

| 교과서 쏙 | 물건을 설명할 때에는 그 물건의 쓰임새도 함께 설명해야 합니다. |
|---|---|
| 실생활 쏙 | 이 고무줄은 쓰임새가 매우 다양하다. |
| 비슷한 어휘 | 쓸모: 쓸 만한 가치<br>용도: 쓰이는 곳, 쓰이는 방법 |

정답
미워

# 짐작하다

斟 짐작할 **짐** 酌 술 부을 **작**

대강  잡아 헤아리다.

| | |
|---|---|
| 교과서 쏙 | 이야기 속 인물의 말이나 행동을 보고 인물의 마음을 짐작해 보세요. |
| 실생활 쏙 | 누가 이 쪽지를 남기고 갔을까? 짐작해 봐! |
| 비슷한 어휘 | 어림: 대강 짐작으로 헤아림. |

정답 방법

# 2월 16일

국어

# 인상 깊다

印 도장 인　象 코끼리 상

 속에 뚜렷하게 남거나 잊혀지지 않다.

| 교과서 쏙 | 겪은 일 가운데에서 인상 깊었던 일을 말해 보세요. |
|---|---|
| 실생활 쏙 | 그곳의 아름다운 풍경은 마음속에 인상 깊게 남아 있다. |
| 비슷한 어휘 | 감명: 감격하여 마음에 깊이 새김.<br>감동: 크게 느끼어 마음이 움직임. |

정답
어림

# 2월 17일

## 이번 주 어휘

# 자랑스럽다, 질투, 쓰임새, 짐작하다, 인상 깊다

✿ 이번 주 어휘를 보고 그 뜻을 생각하며 관련 있는 문장과 이어 보세요.

| | |
|---|---|
| **질투** | 형이 시험을 백 점 맞자, 엄마는 형이랑 나를 비교하기 시작했다. |
| **자랑스럽다** | 뭐든지 열심히 하는 형이 멋있다. |
| **인상 깊다** | 이 물건은 왜 산 걸까? 정말 쓸모가 없다. |
| **쓰임새** | 일기 주제는 오늘 제일 기억에 남는 일로 정해야겠어. |

### 스스로 평가

| | |
|---|---|
| 이번 주 어휘의 뜻을 정확하게 이해했나요? | ☆☆☆ |
| 정리 쏙쏙을 잘 맞혔나요? | ☆☆☆ |

# 고진감래

苦 쓸 고  盡 다할 진  甘 달 감  來 올 래

## 고생 끝에 즐거움이 온다.

지금은 힘들지만
나중에는 보람 있을 거야!!

"헉... 헉... 너무 힘들다."
민지는 다음 주 체육 시간에 측정할 왕복 오래달리기에서 좋은 성적을 거두고 싶었어요. 숨이 차고 힘들어 그만하고 싶다는 생각이 들었지만 포기하지 않았어요. 드디어 체육 시간, 민지는 작년보다 좋은 기록을 냈답니다. '고진감래라더니 정말 행복하다!'

| | |
|---|---|
| 질투 | 형이 시험을 백 점 맞자, 엄마는 형이랑 나를 비교하기 시작했다. |
| 자랑스럽다 | 뭐든지 열심히 하는 형이 멋있다. |
| 인상 깊다 | 이 물건은 왜 산 걸까? 정말 쓸모가 없다. |
| 쓰임새 | 일기 주제는 오늘 제일 기억에 남는 일로 정해야겠어. |

정답

# 규칙

規법 **규** 則법칙 **칙**

모양이나 수가   하게 변하는 법칙

## 규칙에 따라 빈칸을 알맞게 채워 보세요.

| 교과서 쏙 | 여러 가지 모양으로 규칙을 만들어 무늬를 꾸며 보세요. |
| --- | --- |
| 실생활 쏙 | 우리 반 바닥에서 규칙을 찾았어! |
| 다른 뜻도 있어요 | 규칙: 여러 사람이 지키기로 약속한 것 |

# 2월 20일

수학

# 시각

時 때 **시** 刻 새길 **각**

 를 나타내는 어느 한 지점

 ————————————

## 집에서 출발한 시각

오전 8시 20분

## 학교에 도착한 시각

오전 8시 50분

| 교과서 쏙 | 모형 시계로 현재 시각을 나타내어 보세요. |
|---|---|
| 실생활 쏙 | 내가 하교해서 집에 도착한 시각은 2시 40분이야. |
| 다른 뜻도 있어요 | 시간: 시각과 시각 사이의 간격<br>예) 집에서 학교까지 30분 걸렸어. |

정답 일정

# 도형

圖 그림 도  形 모양 형

위치, 모양, 크기를 가진 어떤

**삼각형**

**오각형**

**사각형**

**육각형**

| 교과서 쏙 | 여러 가지 도형을 그려 보세요. |
| --- | --- |
| 실생활 쏙 | 우리 학교 교표는 어떤 도형들로 이루어져 있는지 말해 보자. |

| 개념 쏙 | 도형의 기본 요소 | · | — | ■ |
| --- | --- | --- | --- | --- |
| | | 점 | 선 | 면 |

# 2월 22일

# 자릿값

숫자가 위치하고 있는  에 따라 정해지는 값

| 2 | 6 | 8 | 3 |
|---|---|---|---|
| 천 | 백 | 십 | 일 |

| 교과서 쏙 | 2683에서 8의 자릿값에 해당하는 것은 십입니다. |
|---|---|
| 실생활 쏙 | 두 수 40과 400에서 4의 자릿값은 달라. |
| 개념 쏙 | 수를 쓸 때 자릿값이 없으면 그 자리에 숫자 0을 써 줘야 한다.<br>예) 이천이십사 = 2024 |

정답<br>형태

# 2월 23일

# 재다

 ㅈ , 저울을 이용하여 길이, 무게 등을 알아보다.

책이 가방에 들어갈지 길이를 재어 보자.

| 교과서 쏙 | 여러 가지 물건으로 수학책의 짧은 쪽의 길이를 재어 보세요. |
|---|---|
| 실생활 쏙 | 내 뼘으로 수첩의 길이를 재어 볼게. |
| 비슷한 어휘 | 측정하다: 도구를 사용하여 양이나 크기를 재다. |

정답 자리

# 2월 24일

## 이번 주 어휘

# 규칙, 시각, 도형, 자릿값, 재다

☆ 이번 주 어휘를 보고 그 뜻을 생각하며 문제를 풀어 보세요.

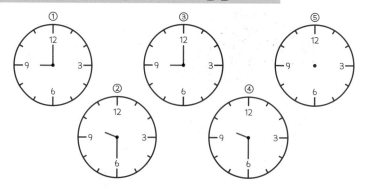

1. 규칙에 따라 ⑤번 시계에 시각을 나타내어 보세요.

2. ④번 시계에 시계가 나타내는 시각을 읽어 보세요.

   (읽기:                        )

3. 위 그림의 시계는 어떤 도형입니까?

4. 6983은 1000이 (          )개, 100이 (          )개, 10이 (          )개,

   1이 (          )개인 수입니다.

### 스스로 평가

| | |
|---|---|
| 이번 주 어휘의 뜻을 정확하게 이해했나요? | ☆☆☆ |
| 정리 쏙쏙을 잘 맞혔나요? | ☆☆☆ |

정답
자

# 눈 깜짝할 사이

매우 짧은 순간

눈 깜짝할
사이에
승부가 갈렸어!!

---

 1. 　　　　2. 아홉 시 반(삼십 분)　3. 원　4. 6,9,8,3

정답

# 자연환경

自 스스로 **자** 然 그럴 **연** 環 고리 **환** 境 지경 **경**

땅의 생김새(산, 들 등)와

 에 영향을 주는 것(비, 눈 등)

| 교과서 쏙 | 산, 들, 하천, 계곡, 바다, 비, 눈, 바람, 기온 등을 자연환경의 예로 들 수 있습니다. |
| --- | --- |
| 실생활 쏙 | 바다가 있는 고장 사람들은 물고기를 잡는 것처럼 자연환경에 따라 사람들의 생활 모습이 달라져. |
| 개념 쏙 | 인문환경: 논과 밭 등 사람들이 자연환경을 이용해 만든 것 |

# 기온

氣 기운 **기** 溫 따뜻할 **온**

공기의 ⓞ ㄷ

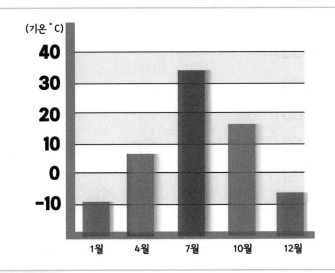

(기온 ˚C)

| | |
|---|---|
| 40 | |
| 30 | |
| 20 | |
| 10 | |
| 0 | |
| -10 | |

1월   4월   7월   10월   12월

| 교과서 🧠 | 우리나라는 사계절이 있어 계절마다 기온 차이가 큽니다. |
|---|---|
| 실생활 🧠 | 우리나라는 계절별로 기온 차이가 커서 우리나라 사람들은 사계절에 따른 옷을 다 가지고 있어. |
| 관련 어휘 | 이상 기온: 겨울에 갑자기 여름처럼 기온이 올라 따뜻해지는 것처럼 정상적인 상태를 벗어난 기온 |

정답 날씨

# 강수량

降 내릴 **강** 水 물 **수** 量 헤아릴 **량**

일정한 기간, 일정한 장소에 내린  의 양

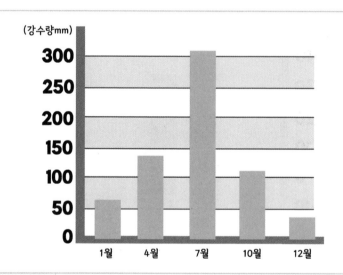

| 교과서 쏙 | 강수량의 측정 단위로는 밀리미터(mm)를 사용합니다.<br>우리나라의 1년 강수량은 보통 1300mm 정도입니다. |
|---|---|
| 실생활 쏙 | 사막은 강수량이 적어. |
| 개념 쏙 | 강수량은 비뿐만 아니라 눈, 우박 등 하늘에서 내린<br>모든 물의 양을 말합니다. |

정답
온도

# 인문환경

人 사람 **인** 文 글월 **문** 環 고리 **환** 境 지경 **경**

논과 밭 등 사람들이 (ㅈ)(ㅇ)(ㅎ)(ㄱ) 을
이용해 만든 것

**교과서 쏙** 논과 밭, 항구, 건물, 저수지, 스키장 등을 인문환경의 예로 들 수 있습니다.

**실생활 쏙** 바다가 있는 고장에 항구가 있는 것처럼 자연환경에 따라 인문환경의 모습이 달라져.

**개념 쏙** 논, 밭, 과수원은 사람이 자연환경을 이용해 만든 것이므로 인문환경에 속합니다.

정답
물

# 의식주

衣옷의 食밥식 住살주

사람이 살아가기 위해 꼭 필요한 옷,  , 집

의

식

주

**교과서 쏙**  고장의 환경에 따라 의식주의 모습이 다르게 나타납니다.

**실생활 쏙**  너는 의식주 중에 어떤 것이 가장 중요한 것 같아?

**개념 쏙**
의(옷): 몸을 보호하기 위해 옷을 입어야 한다.
식(음식): 영양소와 힘을 얻기 위해 음식을 먹는다.
주(집): 더위나 추위를 피하기 위해 집이 필요하다.

정답
자연환경

# 3월 3일 (납세자의 날)

## 이번 주 어휘

# 자연환경, 기온, 강수량, 인문환경, 의식주

☆ 이번 주 어휘를 보고 그 뜻을 생각하며 관련 있는 문장과 이어 보세요.

| | |
|---|---|
| **자연환경** | 사람이 살아가기 위해서는 이 세 가지가 꼭 필요해. |
| **인문환경** | 비가 많이 오는 고장에서는 홍수에 대비해야 한다. |
| **의식주** | 산, 들, 바다, 하천, 계곡 |
| **강수량** | 공원, 스키장, 저수지, 논, 밭 |

### 스스로 평가

| | |
|---|---|
| 이번 주 어휘의 뜻을 정확하게 이해했나요? | ☆☆☆ |
| 정리 쓱쓱을 잘 맞혔나요? | ☆☆☆ |

정답
음식

# 믿는 도끼에
# 발등 찍힌다.

잘 될 것이라고 생각했던 일이 실패하거나
믿었던 사람에게 배신당하다.

수민이는 혜리를 믿고 자신의 비밀을 이야기했어요. 가까이 들리는 혜리 목소리에 반가워 다가가려는
그때 혜리가 수민이의 비밀을 다른 친구에게 이야기하고 있는 것이 아니겠어요?
'믿는 도끼에 발등 찍힌다더니…. 혜리가 날 배신할 줄은 몰랐어.'

| | |
|---|---|
| 자연환경 | 사람이 살아가기 위해서는 이 세 가지가 꼭 필요해. |
| 인문환경 | 비가 많이 오는 고장에서는 홍수에 대비해야 한다. |
| 의식주 | 산, 들, 바다, 하천, 계곡 |
| 강수량 | 공원, 스키장, 저수지, 논, 밭 |

정답

# 예상

豫 미리 **예** 想 생각 **상**

어떤 일을  생각해 봄.

| 교과서 쏙 | 과학자는 관찰 결과에서 규칙성을 찾아 앞으로 일어날 수 있는 일을 예상합니다. |
|---|---|
| 실생활 쏙 | 클립과 자석을 가까이하면 어떻게 될지 예상해 보자. |
| 비슷한 어휘 | 예측: 미리 헤아려 짐작함. |

# 변환

變 변할 **변** 換 바꿀 **환**

다르게 하여  ㅂ ㄲ .

## 우리 반 학생들이 좋아하는 운동 종목

| 종류 | 피구 | 축구 | 야구 | 배드민턴 | 줄넘기 |
|------|------|------|------|----------|--------|
| % | 33.5 | 28 | 20.5 | 12 | 6 |

줄넘기 6%

배드민턴 12%

야구 20.5%

피구 33.5%

축구 28%

---

**교과서 쏙** 실험이나 조사 등을 하고 난 뒤에는 결과를 표나 그래프, 그림 등으로 변환합니다.

**실생활 쏙** 실험 결과를 그래프로 변환하니 한눈에 볼 수 있어 좋다.

**비슷한 어휘** 변화: 사물의 성질, 모양, 상태 따위가 바뀌어 달라짐.

정답 미리

# 변인

變 변할 **변** 因 인할 **인**

성질이나 모습이 변하는

다르게 해야 할 조건

햇빛!!

| | |
|---|---|
| 교과서 쏙 | 실험 전 변인 통제를 하기 위해 다르게 해야 할 조건과 같게 해야 할 조건을 정리해요. |
| 실생활 쏙 | 이 실험의 변인을 무엇으로 할지 생각해 보고 가설을 세워 보자. |
| 개념 쏙 | 변인 통제: 실험에서 다르게 해야 할 조건과 같게 해야 할 조건을 확인하고 통제하는 것 |

정답
바꿈

# 추리

推 밀 **추** 理 다스릴 **리**

알고 있는 것을 바탕으로
알지 못하는 것을 미루어  함.

내 생각은 ….

| 교과서 쏙 | 과학자는 관찰 결과, 경험, 이미 알고 있는 것 등을 바탕으로 보이지 않는 현재 상태를 추리합니다. |
|---|---|
| 실생활 쏙 | 나의 배경 지식을 활용한 추리는 다음과 같아. |
| 비슷한 어휘 | 추론: 미루어 생각하여 논함. |

정답 원인

# 결론

結 맺을 **결** 論 논할 **론**

최종적으로  을 내림.

따라서 제 실험의 **결론**은!!
[자석을 가까이 대면
철로 된 클립은 붙는다] 입니다.

| | |
|---|---|
| 교과서 쏙 | 실험하여 얻은 자료를 정리하고 해석해 결론을 내립니다. |
| 실생활 쏙 | 이 실험의 결론을 내리자. 우리가 설정한 가설이 맞았어. |
| 개념 쏙 | 가설: 실험 전 자신이 예상한 답 |

정답
생각

# 3월 10일

## 이번 주 어휘

## 예상, 변환, 변인, 추리, 결론

☆ 이번 주 어휘를 보고 빈칸을 채워 보세요.

1. 실험 전 (                    )과 실험 후의 결론이 다른 경우도 있어요.

2. 실험 결과를 표로 (                    )하면 많은 정보를 한눈에 보기

   편하게 정리할 수 있어요.

3. (                )를 할 때는 내가 이미 알고 있는 내용을 활용해요.

4. 실험 전 (                    ) 통제를 위해 조건을 살펴보아야 해요.

5. (                )을 내릴 때는 실험 결과를 종합해야 해요.

### 스스로 평가

| | |
|---|---|
| 이번 주 어휘의 뜻을 정확하게 이해했나요? | ☆☆☆ |
| 정리 쏙쏙을 잘 맞혔나요? | ☆☆☆ |

# 3월 11일

어휘 ➕

# 눈꺼풀이 무겁다.

잠이 오다.

1. 예상  2. 변환  3. 추리  4. 변인  5. 결론

정답

# 글감

글의 (ㄴ)(ㅇ) 이 되는 재료

| 교과서 쏙 | 인상 깊었던 일을 글감으로 고르고 글로 써 보세요. |
|---|---|
| 실생활 쏙 | 낙엽과 가을을 글감으로 해서 시를 쓸 거야. |
| 비슷한 어휘 | 소재: 글의 내용이 되는 재료 |

# 반복

反 돌이킬 반 復 회복할 복

같은 일이나 말을 (ㄷ)(ㅍ)(ㅇ) 함.

| 교과서 쏙 | 반복되는 말을 사용해 리듬감을 나타내어 보세요. |
|---|---|
| 실생활 쏙 | 두근두근, 반짝반짝처럼 반복되는 말을 읽으니 재미있어! |
| 비슷한 어휘 | 되풀이: 같은 일이나 말을 자꾸 반복함.<br>재탕: 한 번 썼던 말이나 일을 다시 되풀이함. |

정답 내용

# 얼떨떨하다

뜻밖의 일로   하고 정신이 없다.

저… 저요??

| 교과서 쏙 | 모르는 사람이 내 이름을 부르자 나는 얼떨떨해서 가만히 서 있었습니다. |
| 실생활 쏙 | 동생과 나는 얻어맞은 듯 얼떨떨하게 서로를 쳐다보았다. |
| 비슷한 어휘 | 어리둥절하다: 무슨 상황인지 잘 몰라서 얼떨떨하다. |

정답
되풀이

# 명확하다

明 밝을 명  確 굳을 확

의심할 바 없이 분명하고  하다.

| | |
|---|---|
| 교과서 쏙 | 자신의 생각이 무엇인지 명확하게 써야 합니다. |
| 실생활 쏙 | 엄마의 말씀은 간단하지만 언제나 명확해. |
| 반대 어휘 | 모호하다: 말이나 태도가 흐리터분하여 분명하지 않다. |

정답
당황

# 부쩍

어떤 것이  매우 늘거나 줄어드는 모양

| 교과서 쏙 | 막내가 요즘 부쩍 컸습니다. |
| 실생활 쏙 | 너 그 게임에 관심이 많구나? 요즘 들어 부쩍 그 게임 이야기를 많이 해. |
| 비슷한 어휘 | 갑자기: 미처 생각할 겨를도 없이 급히 |

정답
확실

## 이번 주 어휘

### 글감, 반복, 얼떨떨하다, 명확하다, 부쩍
(얼떨떨)    (명확)

☆ 이번 주 어휘를 보고 빈칸에 들어갈 어휘를 생각해 보세요.

1. 모호하게 말하지 말고 (                    )하게 말해 줘.

2. 벌써 5번이나 (                )해서 말했어.

   상 받은 거 그만 자랑해!

3. 운동회 이야기는 일기의 (                )으로 제격이다.

4. 방학이 다가와서 그런지 친구들이 (                ) 신나 보인다.

5. 내가 1등이라니, (                )하다.

### 스스로 평가

| | |
|---|---|
| 이번 주 어휘의 뜻을 정확하게 이해했나요? | ☆☆☆ |
| 정리 쏙쏙을 잘 맞혔나요? | ☆☆☆ |

정답
갑자기

# 구슬이 서 말이라도 꿰어야 보배다.

아무리 훌륭한 것이라도 쓸모 있게 다듬어야 값어치가 생긴다.

소를 잘 모는 견우와 베를 잘 짜는 직녀를 예쁘게 생각한 옥황상제는 직접 둘을 맺어 주었어요. 일만 했던 견우와 직녀는 서로를 보자마자 한눈에 사랑에 빠졌답니다. 서로가 너무 좋았던 나머지 견우와 직녀는 이제 일을 하지 않고 매일 놀았어요.

"구슬이 서 말이라도 꿰어야 보배인데 너희 둘은 더 이상 노력하지 않는구나. 서로 떨어져 살아라!"

1. 명확   2. 반복   3. 글감   4. 부쩍   5. 얼떨떨

정답

# 감각

感 느낄 **감** 覺 깨달을 **각**

눈, 코, , 혀, 피부를 통해 어떤 것을 알아차림.

후각

미각

시각

청각

촉각

| | |
|---|---|
| 교과서 쏙 | 희수가 봄이 오는 모습을 감각적으로 말했네요. |
| 실생활 쏙 | 수박을 감각적으로 표현해 봐. 둥근 공 모양에 아삭아삭, 냄새는 달콤해! |
| 개념 쏙 | 감각적 표현: 사물의 느낌을 생생하게 표현한 것<br>예) 또로록 빗방울 소리, 개나리의 노오란 향기 |

# 문단

文 글월 문　段 층계 단

 이 몇 개 모여 한 가지 생각을 나타내는 것

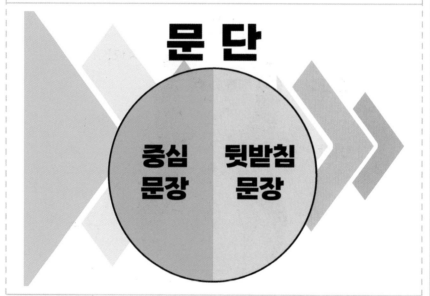

**문 단**

**중심 문장**　**뒷받침 문장**

---

| 교과서 쏙 | 문단의 짜임을 생각하며 글을 읽고 써 보세요. |
|---|---|
| 실생활 쏙 | 문단은 중심 문장과 뒷받침 문장으로 이루어져 있어. |
| 개념 쏙 | 중심 문장: 문단 내용을 대표하는 문장<br>뒷받침 문장: 중심 문장을 설명하는 문장 |

정답
귀

# 구실

자기가 마땅히 해야 할 맡은 바

반장 구실을 제대로 해야겠어!!!

| | |
|---|---|
| 교과서 쏙 | 옛날에 장승은 마을과 마을 사이를 나누는 구실을 했습니다. |
| 실생활 쏙 | 선풍기가 고장 나서 자기 구실을 못 하고 있어. |
| 비슷한 어휘 | 역할: 자기가 마땅히 하여야 할 직책이나 임무 |

정답 문장

# 맞히다

물건을 던져서 물건에   하다.

문제의 정답을 틀리지 않다.

| 교과서 쏙 | 피구는 공을 던져서 상대방을 맞혀 탈락시키는 운동입니다. |
| --- | --- |
| 실생활 쏙 | 내가 내는 수수께끼의 정답을 맞혀 봐! |
| 관련 어휘 | 맞추다: 서로 떨어져 있는 부분을 제자리에 맞게 대어 붙이다. |

정답 책임

# 전하다

傳 전할 **전**

어떤 것을 상대에게  주다.

| 교과서 🕮 | 부모님께 전하고 싶은 마음을 담아 편지를 써 보세요. |
|---|---|
| 실생활 🕮 | 우리 반이 피구 1등을 하다니! 얼른 이 소식을 친구들에게 전해야겠어! |
| 비슷한 어휘 | 전달하다: 지시나 물건 등을 다른 사람에게 전하여 이르게 하다. |

정답
달기

# 3월 24일

## 이번 주 어휘

### 감각, 문단, 구실, 맞히다, 전하다

☆ 이번 주 어휘를 보며 아래의 뜻을 표의 가로, 세로, 대각선에서 찾아보세요.

| 구 | 수 | 주 | 먼 | 문 |
|---|---|---|---|---|
| 어 | 감 | 각 | 가 | 단 |
| 구 | 지 | 해 | 디 | 세 |
| 객 | 실 | 전 | 하 | 다 |

· 어떤 것을 상대에게 옮기어 주다.

· 문장이 몇 개 모여 한 가지 생각을 나타내는 것

· 자기가 마땅히 해야 할 맡은 바 책임

· 눈, 코, 귀, 혀, 피부를 통해 어떤 것을 알아차림.

### 스스로 평가

| 이번 주 어휘의 뜻을 정확하게 이해했나요? | ☆☆☆ |
|---|---|
| 정리 쏙쏙을 잘 맞혔나요? | ☆☆☆ |

# 과유불급

過 지날 **과** 猶 오히려 **유** 不 아닐 **불** 及 미칠 **급**

## 지나친 것은 부족한 것보다 못하다.

너무 많이 먹었나 봐…!

재민이는 너무 배가 고파 배가 아플 지경이었어요. 굶주렸던 재민이는 자신이 원래 먹던 양보다 많은 양의 음식을 준비해 먹기 시작했어요. 한참을 먹던 재민이는 배가 너무 아파졌어요.

"과유불급이라더니, 배가 고플 때보다 배가 더 아프다."

| | | | | 문 |
|---|---|---|---|---|
| | 감 | 각 | | 단 |
| 구 | | | | |
| | 실 | 전 | 하 | 다 |

정답

# 어림하다

 짐작으로 헤아리다.

사과는 대충 몇 개일지 어림해 볼까?

참 맛있는 사과
참 맛있는 사과
참 맛있는 사과
참 맛있는 사과
참 맛있는 사과
참 맛있는 사과

| 교과서 쓱 | 물건의 길이를 어림해 보세요. |
| --- | --- |
| 실생활 쓱 | 우리 집과 학교 사이의 거리는 어림잡아 약 1km야. |
| 비슷한 어휘 | 짐작하다: 대강 어림잡아 헤아리다. |

# 받아올림

각 자리의 합이 10이거나 10보다 클 때

 자리로 수를 올리는 방법

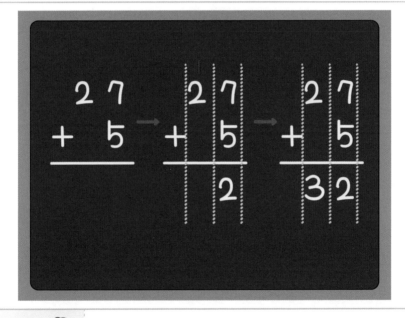

| 교과서 쏙 | 십의 자리에서 받아올림이 있는 경우에는 어떻게 계산합니까? |
| --- | --- |
| 실생활 쏙 | 받아올림이 두 번, 세 번 있는 계산도 있으니 천천히 계산해 보자. |
| 관련 어휘 | 받아내림: 각 자리에서 뺄 수 없는 경우 앞자리에서<br>수를 내림하는 방법 |

정답
대강

# 자연수

自 스스로 **자** 然 그러할 **연** 數 셈 **수**

1부터 하나씩  여 얻는 수

| | |
|---|---|
| 교과서 쏙 | 한 자리 수인 자연수는 몇 개일까요? |
| 실생활 쏙 | 0은 자연수가 아니야. |
| 관련 어휘 | 자연수를 수직선에 나타내어 보세요. |

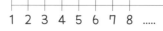

정답
일

# 분수

分 나눌 분  數 셈 수

전체에 대한   을 나타내는 수

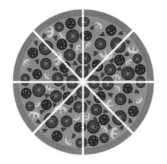

**1**

분자 → **4**
─────
분모 → **8**

| | |
|---|---|
| 교과서 쏙 | 분수 $\frac{2}{9}$ 에서 분모는 9이고, 분자는 2입니다. |
| 실생활 쏙 | 분수를 그림으로 나타낼 때에는 나누어진 각 부분의 크기가 똑같아야 해. |
| 관련 어휘 | 나누다: 하나를 둘 이상으로 가르다. |

정답
더하(여)

# 소수

小 작을 **소** 數 셈 **수**

일의 자리보다  자리의 수를 가진 수

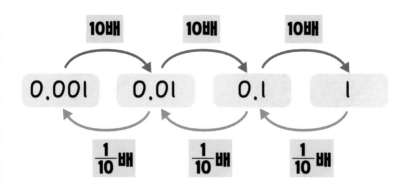

| 교과서 🧠 | 소수점 뒤의 수는 자릿값을 붙이지 않고 하나씩 읽습니다. |
| --- | --- |
| 실생활 🧠 | 분수 $\frac{1}{10}$ 은 소수 0.1과 크기가 같아. 이 둘은 같은 크기야! |

| 개념 🧠 | 0.365 (영점삼육오) | 소수점 아래 | | |
| --- | --- | --- | --- | --- |
| | | 첫째 자리 | 둘째 자리 | 셋째 자리 |
| | | 3 | 6 | 5 |

# 3월 31일

## 이번 주 어휘

### 어림하다, 받아올림, 자연수, 분수, 소수

☆ 이번 주 어휘를 보고 낱말 퍼즐을 채워 보세요.

| | (1) | | | |
|---|---|---|---|---|
| | | | | |
| | | | | |
| ① | | | | |
| | | | | (2) |
| | | ② | | |

| 가로 열쇠 | 세로 열쇠 |
|---|---|
| ① 대강 짐작으로 헤아리다. (4글자)<br><br>② 1부터 하나씩 더하여 얻는 수 (3글자) | (1) 각 자리의 합이 10이거나 10보다 클 때 윗자리로 수를 올리는 방법 (4글자)<br><br>(2) 전체에 대한 부분을 나타내는 수 (2글자) |

### 스스로 평가

| | |
|---|---|
| 이번 주 어휘의 뜻을 정확하게 이해했나요? | ☆☆☆ |
| 정리 쏙쏙을 잘 맞혔나요? | ☆☆☆ |

정답 작은

# 눈높이를 맞추다.

상대의 수준에 맞추다.

| | | (1) 받 | | | | |
|---|---|---|---|---|---|---|
| | | 아 | | | | |
| | | 올 | | | | |
| ① 어 | | 림 | 하 | | 다 | |
| | | | | | (2) 분 | |
| | | | ② 자 | | 연 | 수 |

정답

# 풍습

風 바람 풍 習 익힐 습

옛날부터 그 사회에 전해 오는 생활 전반에 걸친

| 교과서 쏙 | 우리나라에는 웃어른을 공경하는 풍습이 있습니다. |
|---|---|
| 실생활 쏙 | 추석에는 풍습에 따라 가족들이 한자리에 모이지. |
| 비슷한 어휘 | 관습: 어떤 사회에서 오랫동안 지켜져서 인정받는 질서나 풍습 |

# 세시풍속

歲 해 **세** 時 때 **시** 風 바람 **풍** 俗 풍속 **속**

해마다 일정한 시기에  해 온 고유의 풍속

| 교과서 쏙 | 세시풍속의 예로는 설날에 떡국을 먹으며 덕담을 주고받는 것 등이 있습니다. |
|---|---|
| 실생활 쏙 | 정월 대보름의 세시풍속인 쥐불놀이를 하러 가자! |
| 관련 어휘 | 세시: 한 해의 절기, 달, 계절에 따른 때<br>풍속: 옛날부터 그 사회에 전해진 습관 |

정답
습관

# 지도

地 땅 **지** 圖 그림 **도**

의 모습을 일정하게 줄여
약속된 기호로 평면에 나타낸 그림

| | |
|---|---|
| 교과서 쏙 | 지도는 정해진 약속대로 그려져 있어 필요한 정보를 찾을 수 있습니다. |
| 실생활 쏙 | 학교가 우리 집에서 어느 방향에 있더라? 지도를 보자! |
| 개념 쏙 | 방위: 어떠한 쪽의 위치(동, 서, 남, 북)<br>기호: 땅의 생김새, 건물 등을 간단히 나타내는 표시 |

정답
되풀이

# 축척

縮 줄일 **축** 尺 자 **척**

실제 거리를  서 지도에 나타낸 정도

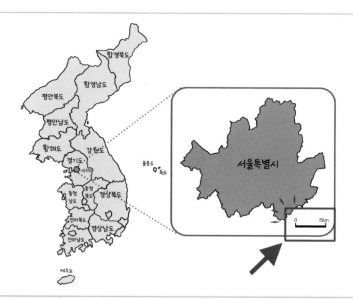

| | |
|---|---|
| 교과서 🔖 | 축척에 따라 지도에 나타난 지역의 범위가 달라집니다. |
| 실생활 🔖 | 축척을 보면, 이 지도에서 1cm는 실제 6km를 나타내. |
| 비슷한 어휘 | 줄인자: 지도에서의 거리와 땅에서의 실제 거리와의 비율 |

정답
땅

# 등고선

等 무리 **등** 高 높을 **고** 線 줄 **선**

지도에서 땅의 높이가   부분끼리 연결한 선

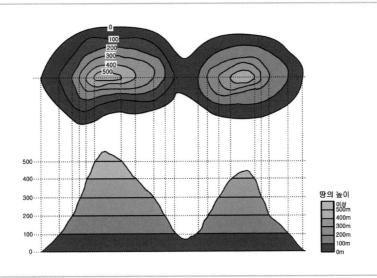

땅의 높이
이상
500m
400m
300m
200m
100m
0m

| | |
|---|---|
| 교과서 🧠 | 등고선을 통해 땅의 높낮이를 알 수 있습니다. |
| 실생활 🧠 | 이 등고선에 적힌 숫자 봐. 이 산은 엄청 높은 산이야. |
| 개념 🧠 | 등고선을 표현할 때 땅의 높낮이를 더 쉽게<br>구분하기 위해 색깔을 다르게 칠하기도 합니다. |

정답
줄여

## 이번 주 어휘

# 풍습, 세시풍속, 지도, 축척, 등고선

☆ 이번 주 어휘를 보며 아래의 뜻을 표의 가로, 세로, 대각선에서 찾아보세요.

| 풍 | 고 | 이 | 속 | 의 |
|---|---|---|---|---|
| 습 | 야 | 풍 | 철 | 지 |
| 등 | 시 | 지 | 숙 | 도 |
| 세 | 호 | 축 | 척 | 환 |

· 옛날부터 그 사회에 전해 오는 생활 전반에 걸친 습관

· 해마다 일정한 시기에 되풀이해 온 고유의 풍속

· 땅의 모습을 일정하게 줄여 약속된 기호로 평면에 나타낸 그림

· 실제 거리를 줄여서 지도에 나타낸 정도

### 스스로 평가

| 이번 주 어휘의 뜻을 정확하게 이해했나요? | ☆☆☆ |
|---|---|
| 정리 쏙쏙을 잘 맞혔나요? | ☆☆☆ |

# 돌다리도
# 두들겨 보고 건너라.

### 잘 아는 일이라도 꼼꼼하게 확인해야 한다.

여러 번 거인의 눈을 피해 콩나무를 오르내렸던 잭은 조금씩 더 대담해졌어요. 오늘은 무엇을 훔칠까 고민하던 잭의 귀에 아름다운 연주 소리가 들렸어요. 스스로 연주하는 하프였죠. 거인이 방심한 틈에 하프를 들고 달리다가 거인에게 딱 걸렸답니다.

"앗! 돌다리도 두들겨 보고 건너라더니…."

| 풍 | | | 속 | |
|---|---|---|---|---|
| 습 | | 풍 | | 지 |
| | 시 | | | 도 |
| 세 | | 축 | 척 | |

정답

# 자석

磁 자석 **자** 石 돌 **석**

철로 된 물체를 끌어  성질을 지닌 물체

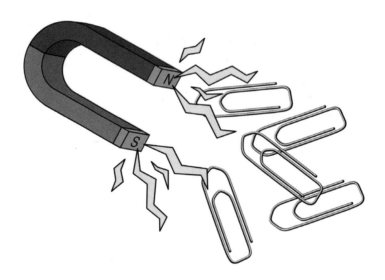

| 교과서 | 자석은 철로 된 물체는 끌어당기고, 고무나 종이로 된 물체는 끌어당기지 않습니다. |
|---|---|
| 실생활 | 자석 필통은 쉽게 열고 닫을 수 있어 편리하다. |
| 비슷한 어휘 | 자성: 철로 된 물체를 끌어당기는 등 자석이 갖는 성질 |

# 소리

우리  로 들을 수 있는 음파

| 교과서 쏙 | 소리가 나는 물체에 손을 대면 물체가 떨리는 것을 느낄 수 있습니다. |
|---|---|
| 실생활 쏙 | 북은 막이 떨리면서 소리가 나네. |
| 관련 어휘 | 울림: 소리가 무엇에 부딪쳐 되울려 나오는 현상 |

정답
당기는

# 반사

反 돌아올 **반** 射 쏠 **사**

파동이 물체의 표면에 부딪쳐서

방향을 **ㅂ**◯ **ㄷ**◯ 로 바꾸는 현상

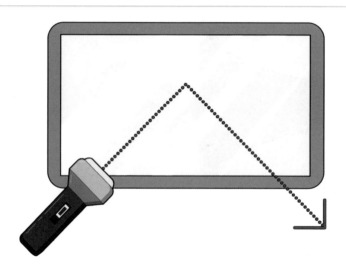

**교과서 쏙** 나무나 벽처럼 딱딱한 물체에서는 소리의 반사가 잘 일어납니다.

**실생활 쏙** 체육관에서 소리를 지르면 소리의 반사로 다시 들린다.

**개념 쏙** 반사경: 빛을 반사하기 위해 사용하는 거울

정답
귀

# 무게

물건의 ⓜ◯ ⓖ◯ ◯ⓞ 정도

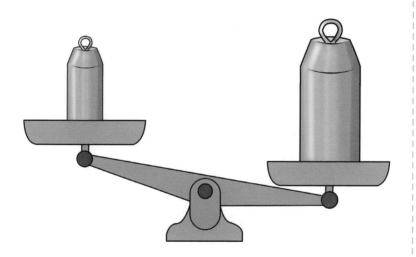

| 교과서 쏙 | 손으로 물체를 들어 보면 물체의 무게를 어림할 수는 있지만, 정확한 무게는 알 수 없습니다. |
|---|---|
| 실생활 쏙 | 빵을 만들 때에는 주방용 저울로 재료의 무게를 정확하게 측정해서 만들어야 해. |
| 개념 쏙 | 무게의 단위: mg(밀리그램), g(그램), kg(킬로그램), t(톤) |

정답
반대

# 수평

水 물 **수** 平 평평할 **평**

기울지 않고  한 상태

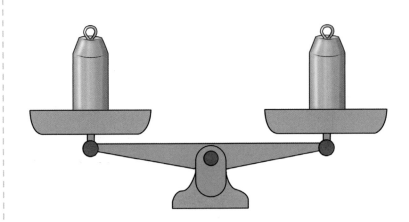

| 교과서 쏙 | 수평을 잡으려면 받침점으로부터 양쪽으로 같은 거리에 무게가 같은 물체가 있어야 합니다. |
|---|---|
| 실생활 쏙 | 양팔 저울의 양쪽에 각각 귤 한 개와 구슬 10개를 올려놓으니 수평을 이루는 것을 보아 둘의 무게가 같구나. |
| 관련 어휘 | 평형: 저울대가 수평을 이루고 있음. |

정답
무거운

## 이번 주 어휘

### 자석, 소리, 반사, 무게, 수평

☆ 이번 주 어휘를 보며 아래의 뜻을 표의 가로, 세로, 대각선에서 찾아보세요.

| 자 | 석 | 재 | 웃 | 게 |
|---|---|---|---|---|
| 유 | 석 | 관 | 무 | 바 |
| 자 | 미 | 반 | 석 | 기 |
| 수 | 평 | 찰 | 사 | 차 |

· 철로 된 물체를 끌어당기는 성질을 지닌 물체

· 물건의 무거운 정도

· 기울지 않고 평평한 상태

· 파동이 물체의 표면에 부딪쳐서 방향을 반대로 바꾸는 현상

### 스스로 평가

| 이번 주 어휘의 뜻을 정확하게 이해했나요? | ☆☆☆ |
|---|---|
| 정리 쏙쏙을 잘 맞혔나요? | ☆☆☆ |

정답
평평

# 마음을 먹다.

무엇을 하려고 다짐하다.

| 자 | 석 |   |   | 게 |
|---|---|---|---|---|
|   |   |   | 무 |   |
|   |   | 반 |   |   |
| 수 | 평 |   | 사 |   |

# 근사한

近 가까울 근  似 닮을 사

그럴듯하게 괜찮거나  한

| 교과서 🧠 | 이 근사한 정원의 주인은 누구일까요? |
| --- | --- |
| 실생활 🧠 | 엄마가 내 생일을 위해 근사한 케이크를 준비하셨다. |
| 비슷한 어휘 | 멋들어지다: 아주 멋있다. |

# 간추리다

중요한 점만을 골라  하게 정리하다.

아니 그래서 내가 어제 말이야. 그런데 하다 보니까 그래 가지고 뭐더라…. 암튼 아주 아주 굉장했다니까~!!

어쩌구~ 저쩌구~

주절 주절

뭐, 뭐라는 거지…? 간추려서 말해 주면 좋겠다.

| 교과서 쏙 | 글을 읽고 글의 내용을 간추려 보세요. |
|---|---|
| 실생활 쏙 | 선생님의 말씀을 간추려 공책에 정리해 보았어. |
| 관련 어휘 | 요약하다: 말이나 글의 요점을 잡아 간추리다. |

정답
훌륭

# 실용적

實 열매 실　用 쓸 용

 로 쓰기에 알맞은

> 시계는
> 시간을 잘 볼 수 있도록
> 숫자가 큰 것이
> 실용적이지!!

| | |
|---|---|
| 교과서  | 민화는 다른 그림과 달리 생활에 필요한 실용적인 그림입니다. |
| 실생활 쏙 | 어제 산 시계는 예쁘고 튼튼해서 참 실용적이야. |
| 비슷한 어휘 | 효과적: 보람이나 좋은 결과가 있는 |

정답
간단

# 제법

수준이나 솜씨가 어느   에 이르렀음.

으음,
냄새가 제법인데~.
맛있을 것 같아!!

| | |
|---|---|
| 교과서  | 민지는 씨익 웃으며 제법 여유 있게 자기 자랑을 늘어놓았습니다. |
| 실생활  | 봄이 왔나 봐. 제법 따스해졌어. |
| 관련 어휘 | 꽤: 제법 괜찮을 정도로 |

정답
실제

# 4월 20일 (장애인의 날)

국어

# 원인

原 근원 원 因 인할 인

일이 일어난

| 원 인 | 결 과 |
|---|---|
| 어젯밤에 만화를 늦게까지 봤다. | → 아침에 늦잠을 잤다. |

| 교과서 쏙 | 원인과 결과를 생각하며 경험을 이야기해 보세요. |
|---|---|
| 실생활 쏙 | 지우개가 사라졌잖아? 원인을 알아내겠어. |
| 관련 어휘 | 결과: 어떤 원인 때문에 일어난 일 |

# 4월 21일 (과학의 날)

## 이번 주 어휘

# 근사한, 간추리다, 실용적, 제법, 원인
### (간추리면)

✿ 이번 주 어휘를 보고 빈칸에 들어갈 어휘를 생각해 보세요.

1. 그러니까 네 말을 (                         ) 우리가 준수의 생일 파티를

   열어주자 그 말이야?

2. (                    ) 대단한데~. 그런 생각을 하다니.

3. 그럼 선물은 아주 (                    ) 로봇 어때?

4. 아니야. (                   )이게 로봇이 그려진 필통으로 하자!

5. 잠깐! 이 문제가 일어난 (                    )을 파악하는 것이 먼저야.

---

### 스스로 평가

| | |
|---|---|
| 이번 주 어휘의 뜻을 정확하게 이해했나요? | ☆☆☆ |
| 정리 쏙쏙을 잘 맞혔나요? | ☆☆☆ |

# 바늘 가는 데 실 간다.

매우 긴밀한 관계의 사람을 일컫는 말

"지원아, 같이 가자."

지수와 지원이는 어딜 가든 함께했어요. 과학실도, 영어실도 심지어는 화장실까지 지수가 있는 곳엔 지원이가, 지원이가 있는 곳엔 지수가 있었죠.

"바늘 가는 데 실 간다는 말이 저 둘을 위해 만들어진 것 같아!"

1. 간추리면  2. 제법  3. 근사한  4. 실용적  5. 원인

정답

# 차례

次 버금 **차** 例 법식 **례**

여럿을 정해진 에 따라 늘어놓은 것

내가 첫 번째
내가 두 번째
내가 세 번째

| | |
|---|---|
| 교과서 쏙 | 일이 일어난 차례를 생각하며 일기를 써 보세요. |
| 실생활 쏙 | 새치기하지 말고 차례대로 버스에 타자. |
| 비슷한 어휘 | 순서: 어떤 기준에 따라 쭉 늘어놓은 것 |

# 싣다

글, 그림, 사진 등을 책이나  에 넣다.

**어린이 잡지**

내가 찍은 사진

| | | |
|---|---|---|
| 교과서  | 국어사전에서 낱말을 찾으려면 낱말을 싣는 차례를 알아야 합니다. |
| 실생활  | 내가 만든 시가 어린이 잡지에 실렸어! |
| 비슷한 어휘 | 수록하다: 책이나 잡지에 싣다. |

정답
순서

# 부치다

프라이팬에 기름을 바르고 , 빈대떡 등을 만들다.

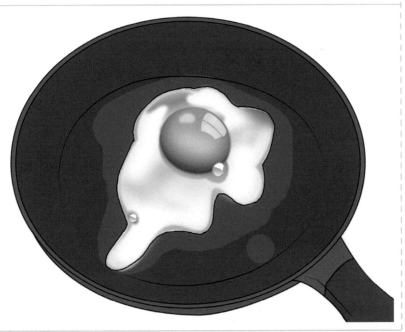

| | |
|---|---|
| 교과서 쏙 | 삼짇날에는 진달래 꽃잎과 찹쌀가루를 부쳐서 만든 진달래 화전을 먹었습니다. |
| 실생활 쏙 | 점심은 간단하게 달걀을 부쳐서 먹어야겠다. |
| 소리가 같아요 | 부치다: 편지나 물건을 상대에게 보내다.<br>붙이다: 맞닿아 떨어지지 않게 하다. |

정답<br>신문

# 의견

意 뜻 의  見 볼 견

어떤 대상에 대하여 지니는

| 교과서 쏙 | 글을 읽고 글쓴이의 의견을 파악해 보세요. |
| --- | --- |
| 실생활 쏙 | 무슨 까닭으로 그런 의견을 냈는지 알면 그 의견을 더 잘 이해할 수 있어. |
| 관련 어휘 | 까닭: 그런 의견을 가지게 된 이유 |

정답
전

# 무심코

無 없을 무 心 마음 심

아무런  이나 생각이 없이

| 교과서 쏙 | 우리가 한 번 쓰고 무심코 버리는 일회용품은 환경을 오염시킵니다. |
|---|---|
| 실생활 쏙 | 내가 무심코 던진 말이 지수의 마음을 상하게 했어. |
| 비슷한 어휘 | 무심히: 아무런 뜻이나 생각이 없이 |

정답
생각

## 이번 주 어휘

# 차례, 싣다, 부치다, 의견, 무심코

✿ 이번 주 어휘를 보고 사다리를 타고 내려간 곳에 알맞은 어휘를 생각해 보세요.

| 비 오는 날에는 역시 전이야! 전 만들어 먹자~ | 아무 뜻 없이 하는 행동에 상처 받기 마련이야. | 네 생각은 어때? | 제발 순서 좀 지켜 줄래? |

1.          2.          3.          4.

---

### 스스로 평가

| 이번 주 어휘의 뜻을 정확하게 이해했나요? | ★★☆ |
| 정리 쏙쏙을 잘 맞혔나요? | ★★☆ |

정답 뜻

# 4월 29일

어휘 ➕

# 금시초문

今 이제 금　時 때 시　初 처음 초　聞 들을 문

### 이제야 처음으로 들음.

> 목에 달린 혹이
> 노래 주머니라니!!!
> 금시초문이야!!

감미로운 노랫소리가 들리는 곳으로 도깨비들이 모였어요. 대장 도깨비가 혹부리 영감에게 노래를 잘 부르는 비결을 물었죠.

"목에 달린 혹이 노래 주머니라니! 금시초문이네요. 그 혹, 내게 팔아요!"

## 1. 의견　2. 무심코　3. 차례　4. 부치다

정답

# 기호

記 기록할 기 號 이름 호

어떠한  을 나타내기 위해 쓰이는 것

어우…!
e+ 다 쓰기 귀찮아.

아하!!! 더하기인 + 기호는
라틴어의 더한다는 뜻인 e+ 를
빨리 쓰다가 만들어진 거구나!!

| 교과서 쏙 | 양쪽이 같음을 나타내는 수학 기호는 '='입니다. |
| --- | --- |
| 실생활 쏙 | 문제를 풀 때 기호를 잘 봐야 해. |

개념 쏙

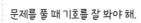

| 덧셈 기호 | 뺄셈 기호 | 곱셈 기호 | 나눗셈 기호 |
| --- | --- | --- | --- |
| + | − | × | ÷ |

# 단위

單 홑 단 位 자리 위

수량을 수치로 나타낼 때의

---

빈칸에 mm, cm, m, km 중 알맞은 단위를 써 보세요.

약 48 ☐ 입니다.

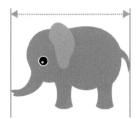

약 6 ☐ 입니다.

---

| 교과서 쏙 | 시계를 관찰하여 1분보다 작은 단위를 이야기해 보세요. |
|---|---|

| 실생활 쏙 | 이 두 물건의 무게가 표시된 단위가 다르네! |
|---|---|

| 개념 쏙 | 길이 | 무게 | 들이 | 넓이 |
|---|---|---|---|---|
| | cm, m, km | g, kg, t | ㎖, ℓ | ㎠, ㎡ |

정답 뜻

# 나누어떨어지다

나눗셈에서    가 0인 경우

사과 12개를 3개의 상자에
나누어 담았더니 남는 것 없이
나누어떨어졌어!

| 교과서 쏙 | 4로 나누어떨어지는 수 중 가장 작은 수는 무엇입니까? |
| --- | --- |
| 실생활 쏙 | 사탕은 6개이고 우리는 3명이니 나누어떨어져서 똑같이 나눠 먹을 수 있겠어! |
| 개념 쏙 | 나머지는 나누는 수보다 항상 작다. |

정답
기준

# 검산

檢 검사할 검 算 셈 산

계산의 결과가  지 확인하는 식

| 교과서 쏙 | 준서가 문제를 맞게 풀었는지 검산해 보세요. |
|---|---|
| 실생활 쏙 | 제출하기 전 검산하는 센스! |
| 개념 쏙 | 나눗셈 검산 방법: 나누는 수와 몫의 곱에 나머지를 더한 값이 나누어지는 수와 같은지 확인하기. |

정답
나머지

# 연속

連 잇닿을 **연** 續 이을 **속**

끊기지 않고 쭉   짐.

숫자는 끝없이 연속된다.

| 교과서 쏙 | 연속된 자연수의 합을 구해 보세요. |
|---|---|
| 실생활 쏙 | 우리 번갈아 가며 연속된 수를 말해 보자. |
| 비슷한 어휘 | 지속: 비슷한 상태가 오래 계속됨. 또는 어떤 상태를 오래 계속함. |

정답 맞는

# 5월 5일 (어린이날)

## 이번 주 어휘

# 기호, 단위, 나누어떨어지다, 검산, 연속

☆ 이번 주 어휘를 보고 그 뜻을 생각하며 문제를 풀어 보세요.

1. 복숭아 6개는 접시 두 개로 나누어떨어집니다. ( O, X )

2. 다음 검산식에 알맞은 기호를 넣으세요.

   2 (      ) 3 + 0 = 6

3. 복숭아 하나의 무게는 다음 중 어떤 단위가 적절한가요? (g, kg, t)

### 스스로 평가

| | |
|---|---|
| 이번 주 어휘의 뜻을 정확하게 이해했나요? | ☆☆☆ |
| 정리 쏙쏙을 잘 맞혔나요? | ☆☆☆ |

정답 이어

# 5월 6일

# 배꼽을 잡다.

웃음을 참지 못하고 크게 웃다.

1. O    2. ✖    3. g

# 핵가족

核 씨 **핵** 家 집 **가** 族 겨레 **족**

결혼하지 않은 자녀와   가 함께 사는 가족 형태

확대 가족

핵가족

| | |
|---|---|
| 교과서 쏙 | 오늘날에는 사람들이 직장을 위해 다른 고장으로 이사를 하게 되면서 핵가족이 많이 늘어났습니다. |
| 실생활 쏙 | 우리 할머니 댁은 엄청 멀어. 우리 집도 핵가족이야. |
| 관련 어휘 | 확대 가족: 결혼한 자녀와 부모가 함께 사는 가족 형태 |

# 공공 기관

公 공평할 **공** 共 함께 **공** 機 틀 **기** 關 관계할 **관**

주민의 ○○를 위해 국가나 지방자치단체가

관리하는 곳

| 교과서 쏙 | 공공 기관은 개인의 이익이 아닌 주민 전체의 이익을 위한 장소입니다. |
| --- | --- |
| 실생활 쏙 | 우리 지역에는 어떤 공공 기관이 있을까? |
| 개념 쏙 | 공공 기관의 예: 경찰서, 소방서, 도서관, 보건소, 행정복지센터 등 |

정답
부모

# 주민 참여

住 살 **주** 民 백성 **민** 參 참여할 **참** 與 더불 **여**

지역의 문제를 해결하는 과정에서

 이 직접 참여하는 것

사과공원
환경 정화에 관한 토론회

| 교과서 쏙 | 지역의 문제는 주민이 겪고 있기 때문에 주민 참여는 중요합니다. |
|---|---|
| 실생활 쏙 | 공공기관 누리집에 글을 써서 인터넷으로도 주민 참여를 할 수 있어. |
| 관련 어휘 | 자치: 자기 일을 스스로 다스림. |

정답
편의

# 5월 10일 (바다식목일) 사회

# 시민 단체

市 저자 **시** 民 백성 **민** 團 둥글 **단** 體 몸 **체**

사회의 문제를 해결하기 위해

 들이 스스로 모여 만든 집단

| | |
|---|---|
| 교과서 쏙 | 시민 단체는 사회 전체를 위해서 활동합니다. |
| 실생활 쏙 | 토요일에 시민 단체에서 공원의 쓰레기를 줍는다는데, 참여할까? |
| 관련 어휘 | 캠페인: 어떤 목적을 가지고 사람들에게 그 목적을 알리고자 행하는 활동 |

정답 주민

# 편견

偏 치우칠 **편** 見 볼 **견**

공정하지 못하고 한쪽으로  생각

| 교과서 🙆 | 우리말보다 외국어를 쓰면 더 멋있어 보이는 것은 편견입니다. |
|---|---|
| 실생활 🙆 | 키 큰 사람이 달리기를 잘할 거란 편견을 버려! |
| 관련 어휘 | 차별: 편견이 행동으로 이어져 대상을 구별하고 다르게 대우하는 것 |

# 5월 12일 (국제 간호사의 날) 정리 쏙쏙

## 이번 주 어휘

# 핵가족, 공공 기관, 주민 참여, 시민 단체, 편견

☆ 이번 주 어휘를 보고 사다리를 타고 내려간 곳에 알맞은 어휘를 생각해 보세요.

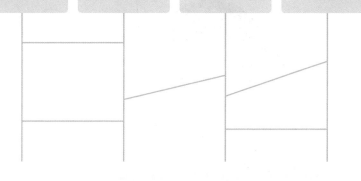

사회의 문제를 해결하기 위해 시민인 우리가 힘써 봅시다!

야! 넌 여자가 왜 이리 힘이 세냐?

경찰서, 보건소, 학교

지역의 문제는 우리 주민이 직접 참여하여 해결한다!

1.                 2.                 3.                 4.

## 스스로 평가

| | |
|---|---|
| 이번 주 어휘의 뜻을 정확하게 이해했나요? | ☆☆☆ |
| 정리 쏙쏙을 잘 맞혔나요? | ☆☆☆ |

정답 치우친

# 벼 이삭은 익을수록 고개를 숙인다.

훌륭한 사람일수록 겸손하다.

수학 시험에서 혼자 100점을 맞은 수지는 기분이 정말 좋았어요. 수지는 실수하지 않았음에 감사하며 겸손한 마음으로 더 열심히 공부해야겠다고 다짐했어요.

"수지야, 벼 이삭은 익을수록 고개를 숙인다더니 수지는 공부도, 겸손도 100점이야!"

정답

**1. 공공 기관   2. 편견   3. 시민 단체   4. 주민 참여**

# 물질

物 물건 물 質 바탕 질

물체를 이루고 있는  , 또는 그 본바탕

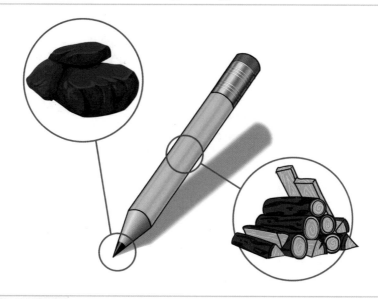

| 교과서 쏙 | 연필 몸통을 만드는 나무, 클립을 만드는 금속과 같이 물체를 만드는 재료를 물질이라고 합니다. |
| --- | --- |
| 실생활 쏙 | 연필을 이루는 물질은 흑연과 나무야. |
| 관련 어휘 | 물체: 일정한 모양이 있고 공간을 차지하는 것 |

# 성질

性 성품 **성** 質 바탕 **질**

사물이나 현상이 가지고 있는 고유의

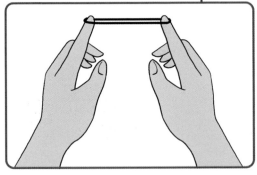

고무는
늘어나는 성질을
가지고 있습니다.

| | |
|---|---|
| 교과서 쏙 | 물체는 물질의 성질에 따라 분류할 수 있습니다. |
| 실생활 쏙 | 자전거의 몸체는 단단하여 잘 부러지지 않는 성질을 가진 금속으로 만들어져 있기 때문에 안전해. |
| 관련 어휘 | 특성: 일정한 사물에만 있는 특수한 성질 |

정답
재료

# 혼합물

混 섞을 **혼** 合 합할 **합** 物 만물 **물**

여러 물질이 자신의 성질을 그대로 지닌 채

서로  있는 것

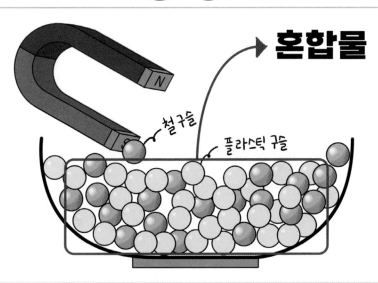

**혼합물**

철구슬

플라스틱 구슬

| 교과서 쏙 | 우리 생활에 필요한 물질을 얻기 위해서는 혼합물을 분리해야 합니다. |
|---|---|
| 실생활 쏙 | 콩과 쌀의 혼합물을 분리하기 위해 체를 사용해 보자. |
| 관련 어휘 | 혼합하다: 뒤섞어 하나로 합치다. |

정답
특성

# 기체

氣 기운 **기** 體 몸 **체**

일정한 모양과 부피를 갖지 않고
용기를 채우려는 성질이 있는 물질의

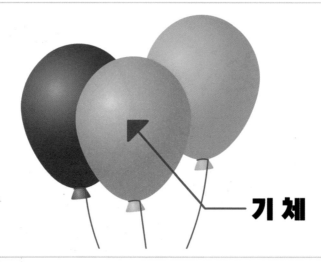

**기 체**

| | |
|---|---|
| 교과서 쏙 | 우리 주변에 있는 물질은 대부분 상태에 따라 고체, 액체, 기체로 분류할 수 있습니다. |
| 실생활 쏙 | 풍선에 공기를 넣으면 부풀어 오르는 것을 보아 기체도 공간을 차지하는구나. |
| 비슷한 어휘 | 액체: 모양은 변하지만, 부피는 변하지 않는 물질의 상태<br>고체: 모양과 부피가 변하지 않는 물질의 상태 |

정답 섞여

# 증발

蒸 찔 **증** 發 필 **발**

액체의 표면에서 액체가  로 변하는 현상

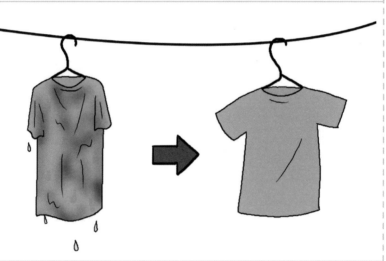

| | |
|---|---|
| 교과서 🧠 | 혼합물의 분리 방법인 거름과 증발을 통해 우리는 일상생활에서 필요한 물질을 얻을 수 있습니다. |
| 실생활 🧠 | 컵 속 물이 증발하여 양이 줄었네! |
| 개념 🧠 | 증발의 실생활 예시<br>– 염전에서 소금을 만들어요.<br>– 어항 속 물이 조금씩 줄어들어요. |

# 5월 19일 (발명의 날)

## 이번 주 어휘

# 물질, 성질, 혼합물, 기체, 증발

☆이번 주 어휘를 보고 낱말 퍼즐을 채워 보세요.

| | (1) | | |
|---|---|---|---|
| ① | | | (2) |
| | | | |
| | | | |
| ② | | | |

| 가로 열쇠 | 세로 열쇠 |
|---|---|
| ① 물체를 이루고 있는 재료, 또는 그 본바탕 (2글자) | (1) 사물이나 현상이 가지고 있는 고유의 특성 (2글자) |
| ② 일정한 모양과 부피를 갖지 않고 용기를 채우려는 성질이 있는 물질의 상태 (2글자) | (2) 여러 물질이 자신의 성질을 그대로 지닌 채 서로 섞여 있는 것 (3글자) |

### 스스로 평가

| 이번 주 어휘의 뜻을 정확하게 이해했나요? | ☆☆☆ |
|---|---|
| 정리 쏙쏙을 잘 맞혔나요? | ☆☆☆ |

정답
기체

# 머리를 맞대다.

문제를 해결하기 위해 함께 고민하다.

| | | (1) | 성 | | | | |
|---|---|---|---|---|---|---|---|
| ① | 물 | | 질 | | | (2) | 혼 |
| | | | | | | | 합 |
| | | | | | | | 물 |
| | ② 기 | | 체 | | | | |

# 습관

習 익힐 습　慣 익숙할 관

오랫동안    하면서 저절로 익혀진 행동

## 건강을 위한 좋은 습관

| | |
|---|---|
| 교과서  | 양치를 제때 하는 것은 작지만 좋은 습관입니다. |
| 실생활 쏙 | 아예 지각을 못 하게 일찍 일어나는 습관을 들여야겠어. |
| 비슷한 어휘 | 버릇: 오랫동안 계속 반복하여 몸에 익어 버린 행동 |

# 다짐하다

마음이나 뜻을   가다듬어 정하다.

으쌰!!
으쌰!!

| 교과서  | 약속은 어떤 일을 지키기로 다짐한 것입니다. |
|---|---|
| 실생활  | 이번엔 모둠 활동에 적극적으로 참여하겠다고 다짐했다. |
| 비슷한 어휘 | 결심하다: 어떻게 하기로 마음을 굳게 정하다.<br>마음먹다: 무엇을 하겠다는 생각을 하다. |

정답
되풀이

# 파악하다

把 잡을 파 握 쥘 악

어떤 내용을 확실하게   하여 알다.

앗하!!!

| 교과서 쏙 | 글을 읽고 글쓴이의 의견을 파악해 보세요. |
|---|---|
| 실생활 쏙 | 조용히 하고 분위기 파악해! |
| 비슷한 어휘 | 간파하다: 속내를 꿰뚫어 알아차리다. |

정답 굴게

# 생략하다

省 덜 생 略 간략할 략

전체에서 일부를 줄이거나  .

> 오늘의 회의 순서입니다.
> 시간 관계로 국민 의례 등은 생략하도록 하겠습니다.

## 학급 자치 회의 순서

~~1. 국민 의례~~
~~2. 애국가 제창~~
~~3. 순국 선열 및 호국 영령에 대한 묵념~~
4. 교장 선생님 말씀
5. 안건 소개 및 회의
6. 결과 정리 및 보고

| | |
|---|---|
| 교과서 쏙 | 생략된 내용을 짐작하며 글을 읽어 보세요. |
| 실생활 쏙 | 상황을 너무 생략해서 말해서 무슨 말인지 모르겠어. 다시 말해 줄 수 있을까? |
| 비슷한 어휘 | 줄이다: 본디보다 덜하다. |

정답
이해

# 단서

端 끝 **단** 緒 실마리 **서**

어떤 일을  할 수 있는 실마리, 일의 첫 부분

| 교과서 쏙 | 글에서 생략된 내용을 짐작하기 위해서는 글을 다시 읽어 보고 단서를 찾아야 합니다. |
|---|---|
| 실생활 쏙 | 이건 지우개 도둑을 찾을 수 있는 결정적 단서! |
| 비슷한 어휘 | 열쇠: 어떤 일을 해결하는 데 필요한 가장 중요한 요소를 비유적으로 이르는 말 |

정답 빼다

# 5월 26일

## 이번 주 어휘

## 습관, 다짐하다, 파악하다, 생략하다, 단서

☆ 이번 주 어휘를 보고 그 뜻을 생각하며 관련 있는 문장과 이어 보세요.

| 파악하다 | | 나에게 필요한 습관엔 뭐가 있는지 먼저 ○○해야겠다. |
|---|---|---|
| 생략하다 | | 일기 쓰는 ○○은 나 스스로 성장하는 데 많은 도움이 될 거야. |
| 습관 | | 좋아! 오늘부터 매일 일기 쓰기로 ○○했어! |
| 다짐하다 | | 일기 내용이 너무 기니까 ○○해야겠다. |

### 스스로 평가

| 이번 주 어휘의 뜻을 정확하게 이해했나요? | ☆☆☆ |
|---|---|
| 정리 쏙쏙을 잘 맞혔나요? | ☆☆☆ |

# 백지장도
# 맞들면 낫다.

## 쉬운 일이라도 협력하면 좋다.

할머니의 이야기를 들은 알밤, 송곳, 개똥, 맷돌, 자라, 멍석, 지게는 호랑이를 무찌를 계획을 세웠어요. 알밤은 호랑이의 눈을 공격하고 자라는 코를 물었죠. 개똥에 미끄러진 호랑이는 송곳에 찔린 후 맷돌에 맞았고 멍석이 호랑이를 둘둘 말아 지게가 먼 곳으로 옮겼어요.

"너희가 함께 힘을 합쳐 날 구해 줬구나. 역시 백지장도 맞들면 낫다!"

| | |
|---|---|
| 파악하다 | 나에게 필요한 습관엔 뭐가 있는지 먼저 OO해야겠다. |
| 생략하다 | 일기 쓰는 OO은 나 스스로 성장하는 데 많은 도움이 될 거야. |
| 습관 | 좋아! 오늘부터 매일 일기 쓰기로 OO했어! |
| 다짐하다 | 일기 내용이 너무 기니까 OO해야겠다. |

정답

# 문학

文 글월 문 學 배울 학

시나 소설처럼 생각과 감정을  로 표현한 예술

| 교과서 쏙 | 여러 문학 작품을 읽으면서 다양한 인물의 삶을 경험해볼 수 있습니다. |
| --- | --- |
| 실생활 쏙 | 이번 여름 방학에는 문학 작품을 많이 읽어야겠어. |
| 비슷한 어휘 | 문예: 문학과 예술을 아울러 이르는 말 |

# 감동

感 느낄 **감** 動 움직일 **동**

크게 느끼어  이 움직임.

후우웅~~
너무 감동이야~~

| 교과서  | 문학 작품을 읽으며 재미나 감동을 느낀 부분을 말해 보세요. |
| 실생활 쏙 | 이제 막 한글을 배운 동생이 편지를 써 주다니! 감동을 받았다. |
| 비슷한 어휘 | 감명: 감동하여 마음에 깊이 새김. |

정답
언어

# 헤아리다

 하여 가늠하거나 미루어 생각하다.

> 진수의 마음을 헤아려 보니 많이 힘들 것 같아….

| | |
|---|---|
| 교과서 쏙 | 토끼는 종종 상대의 마음을 헤아리지 않고 함부로 말을 해서 거북이에게 상처를 주었습니다. |
| 실생활 쏙 | 너무 어두워서 한 치 앞도 헤아릴 수가 없네. |
| 비슷한 어휘 | 내다보다: 앞일을 미리 헤아리다. |

정답
마음

# 말투

 을 하는 버릇이나 느낌

잘한다~!!

잘~~한다!!

| 교과서 쏙 | 인물에게 알맞은 표정과 말투를 생각하며 역할 놀이를 해 보세요. |
|---|---|
| 실생활 쏙 | 이 장면에서는 소심한 말투로 대사를 말해야 해. |
| 비슷한 어휘 | 어투: 말을 하는 버릇이나 본새<br>어조: 말을 할 때 소리의 높고 낮음 |

정답 짐작

# 해설

解 풀 해 說 말씀 설

연극에서 인물, 장소, 무대 장치 등을   해 주는 것

크앙!!

바로 그때였어요.
무서운 도깨비가 나타나 왕자와 공주의 길을 막았지요.

| 교과서 쏙 | 아윤이가 해설 역할을 잘해 주어서 연극의 내용을 잘 이해할 수 있었습니다. |
| 실생활 쏙 | 나는 해설 역할이 하고 싶어. |
| 다른 뜻도 있어요 | 해설: 내용을 알기 쉽게 풀어 설명함. |

정답
말

# 6월 2일

## 이번 주 어휘

## 문학, 감동, 헤아리다, 말투, 해설

✿ 이번 주 어휘를 보며 아래의 뜻을 표의 가로, 세로, 대각선에서 찾아보세요.

| 해 | 도 | 훼 | 홍 | 지 |
|---|---|---|---|---|
| 하 | 설 | 말 | 나 | 문 |
| 감 | 이 | 투 | 두 | 학 |
| 정 | 동 | 유 | 바 | 산 |

· 시나 소설처럼 생각과 감정을 언어로 표현한 예술

· 연극에서 인물, 장소, 무대 장치 등을 설명해 주는 것

· 말을 하는 버릇이나 느낌

· 크게 느끼어 마음이 움직임.

| 스스로 평가 | |
|---|---|
| 이번 주 어휘의 뜻을 정확하게 이해했나요? | ☆☆☆ |
| 정리 쏙쏙을 잘 맞혔나요? | ☆☆☆ |

정답 설명

# 다다익선

多 많을 **다** 多 많을 **다** 益 더할 **익** 善 좋을 **선**

## 많으면 많을수록 좋다.

> 가족이 많은 형에게
> 쌀은 다다익선이니
> 형네 집에
> 가져다 놔야겠다~!!

"가족이 많은 형에게 쌀은 다다익선이니 형네 집에 가져다 놔야지."

"새로 가정을 꾸려 동생이 정신없을 것 같네. 동생네 집에 좀 갖다줘야겠다."

의좋은 형제는 서로를 생각하는 마음으로 벼를 서로의 집에 옮겨 놓았답니다.

| 해 | | | | |
|---|---|---|---|---|
| | 설 | 말 | | 문 |
| 감 | | 투 | | 학 |
| | 동 | | | |

정답

# 곧다

굽거나 삐뚤지 않고 똑  .

> ## 곧은 선에 동그라미를 치세요.

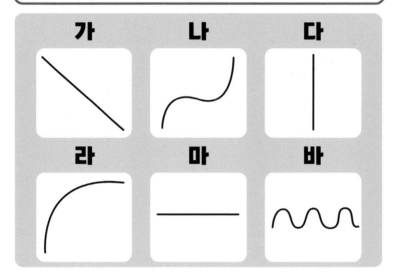

| 교과서 쏙 | 곧은 선을 그어 보세요. |
| --- | --- |
| 실생활 쏙 | 자를 이용하면 곧은 선을 그릴 수 있어. |
| 반대 어휘 | 굽다: 한쪽으로 휘다. |

# 선분

線 줄 선   分 나눌 분

두 점을 ㄱ ㄱ 이은 선

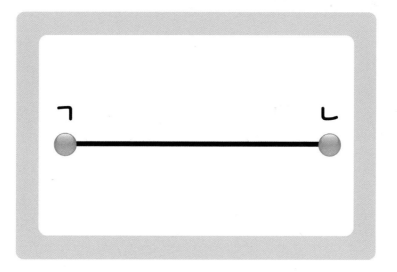

| 교과서 쏙 | 점 ㄱ과 점 ㄴ을 곧게 이어 선분을 그려 보세요. |
|---|---|
| 실생활 쏙 | 선분의 길이를 재 보자. |
| 개념 쏙 | 선분의 길이는 두 점 사이의 가장 짧은 길이다. |

정답
바르다

# 직선

直 곧을 **직** 線 줄 **선**

선분을 양쪽으로 끝  늘인 곧은 선

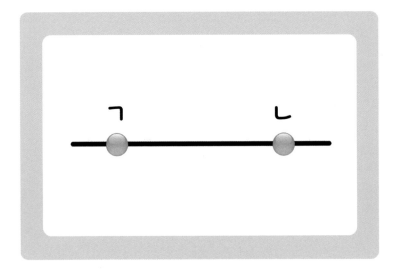

| | |
|---|---|
| 교과서 🧠 | 자를 이용하여 직선을 그려 보세요. |
| 실생활 🧠 | 직선은 끝이 없구나! |
| 개념 🧠 | 반직선: 한 점에서 시작하여 한쪽으로 끝없이 늘인 곧은 선 |

정답 곧게

# 각

角 뿔 각

한 점에서 그은 두   으로 이루어진 도형

### 각인 것에 동그라미를 치세요.

| 가 | 나 | 다 |
|---|---|---|
| | | |

| 라 | 마 | 바 |
|---|---|---|
| | | |

| 교과서 쏙 | 세 점을 이용하여 각을 그려 보세요. |
|---|---|
| 실생활 쏙 | 우리 책상에는 네 개의 각이 있네. |
| 개념 쏙 | 직각: 종이를 반듯하게 두 번 접었을 때 생기는 각 |

# 원

圓 둥글 원

한 점에서  한 거리에 있는 점들이 만든 도형

## 원의 중심과 반지름

원의 반지름

원의 중심

---

**교과서**  누름 못과 띠 종이로 원을 그려 보세요.

---

**실생활** 🧠 동전, 자전거의 바퀴는 원 모양이야.

---

**개념** 🧠
원의 성질
1. 한 원에서 반지름은 모두 같아요.
2. 한 원에서 지름은 모두 같아요.
3. 한 원에서 지름은 반지름의 2배예요.

정답
반직선

## 이번 주 어휘

# 곧다, 선분, 직선, 각, 원

---

☆ 이번 주 어휘를 보고 그 뜻을 생각하며 문제를 풀어 보세요.

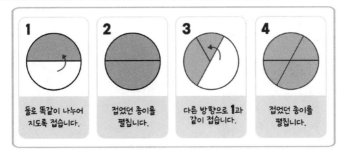

| 1 | 2 | 3 | 4 |
|---|---|---|---|
| 둘로 똑같이 나누어지도록 접습니다. | 접었던 종이를 펼칩니다. | 다른 방향으로 1과 같이 접습니다. | 접었던 종이를 펼칩니다. |

1. 위 그림을 보고 다음 문장의 빈칸을 채워 보세요.

　– 원의 지름은 원을 둘로 똑같이 나누는 (　　　　　　　　　　)입니다.

2. 원은 곧은 선으로 둘러싸여 있다. ( O , X )

3. 자를 이용하여 직선과 선분을 그어 보세요.

---

### 스스로 평가

| 이번 주 어휘의 뜻을 정확하게 이해했나요? | ☆☆☆ |
|---|---|
| 정리 쏙쏙을 잘 맞혔나요? | ☆☆☆ |

정답 일정

# 미역국을 먹다.

시험에서 떨어지다.

1. 선분    2. X    3. (답안 생략)

정답

# 촌락

村 마을 **촌** 落 떨어질 **락**

사람이 산, 바다 등  을 이용하며 살아가는 곳

| 교과서 🧠 | 바닷가 주변에 촌락이 형성되었습니다. |
|---|---|
| 실생활 🧠 | 촌락은 우리가 흔히 생각하는 시골에 가면 볼 수 있는 마을이야. |

| 개념 🧠 | 촌락의 종류 | 농촌 | 어촌 | 산지촌 |
|---|---|---|---|---|
| | 사람들이 하는 일 | 농업 | 어업 | 임업, 축산업 |

# 도시

都 도읍 **도** 市 저자 **시**

사회, 정치, 경제 활동의  이 되는 곳

| 교과서 쏙 | 도시에는 인구가 밀집해 있고, 높은 건물이 많습니다. |
|---|---|
| 실생활 쏙 | 도시에는 도서관, 미술관 등이 많아 촌락에서보다 문화생활을 더 즐길 수 있어. |
| 관련 어휘 | 중심지: 어떤 일이나 활동의 중심이 되는 곳 |

정답
자연

# 교류

交 사귈 교 流 흐를 류

사람들이 오고 가거나,

기술과  등을 서로 주고받는 것

치과 가기 위해 도시로 나가는 김에 보고 싶었던 전시회에도 가 봐야지.

수확한 채소를 도시에 있는 전통 시장에 가져가 팔 거야.

오늘 도시에 가서 야구 경기를 보고 와야겠다.

| 교과서 쏙 | 촌락과 도시의 생산물, 문화 등이 다르기 때문에 교류가 이루어집니다. |
| --- | --- |
| 실생활 쏙 | 각 지역은 기술 교류를 통해 서로의 지역에 부족한 기술을 보완해. |
| 관련 어휘 | 교환: 서로 바꿈. |

정답 중심

# 상호 의존

相 서로 **상** 互 서로 **호** 依 의지할 **의** 存 있을 **존**

이쪽과 저쪽 모두가 서로에게   하는 것

| | |
|---|---|
| 교과서 쏙 | 각 나라는 필요한 것을 얻기 위해 무역을 하는 등 상호 의존적인 관계를 맺습니다. |
| 실생활 쏙 | 세계는 경제적으로 서로의 이익을 위해 교류하며 상호 의존의 관계에 있어. |
| 비슷한 어휘 | 협력: 힘을 합하여 서로 도움. |

정답 문화

# 경제 활동

經 지날 **경**   濟 건널 **제**   活 살 **활**   動 움직일 **동**

생활에 ⓟ◯ ⓞ◯ ⓗ◯ 것을 만들고 사용하는 것과

관련된 모든 활동

| | |
|---|---|
| 교과서 쏙 | 사람들은 경제 활동을 하면서 항상 선택을 해야 하는 상황에 놓입니다. |
| 실생활 쏙 | 나는 어떤 경제 활동을 하고 있는지 생각해 보자. |
| 개념 쏙 | 경제 활동의 예: 떡볶이 사 먹기, 저축하기, 빵 만들어 팔기 |

정답
의지

# 6월 16일

## 이번 주 어휘

# 촌락, 도시, 교류, 상호 의존, 경제 활동

☆ 이번 주 어휘를 보고 그 뜻을 생각하며 관련 있는 문장과 이어 보세요.

| | |
|---|---|
| **촌락** | 돈이 모자라니까 붕어빵 1개만 사 먹어야겠어. |
| **도시** | ○○에는 교통이 편리하고 높은 건물이 많아. |
| **교류** | 농촌, 어촌, 산지촌 |
| **경제 활동** | 이번 주말에는 농촌 체험을 하러 가 볼까? |

### 스스로 평가

| | |
|---|---|
| 이번 주 어휘의 뜻을 정확하게 이해했나요? | ☆☆☆ |
| 정리 쏙쏙을 잘 맞췄나요? | ☆☆☆ |

# 방귀 뀐 놈이 성낸다.

### 잘못한 사람이 도리어 화를 낸다.

놀지도 못했는데 부서졌단 말이야!!!!

왜... 내가 화를 ....

내 로봇 ㅠㅠ

"앗! 이거 왜 이래?"

망가진 장난감을 보고 현수가 놀라 소리쳤어요.

"뭐! 난 별로 놀지도 못했는데 부서졌다고!"

버럭 화를 내는 현민이를 보고 현수는 속으로 생각했어요.

'방귀 뀐 놈이 성낸다더니, 왜 자기가 성질을 부려. 동생이라 봐준다!'

| | |
|---|---|
| 촌락 | 돈이 모자라니까 붕어빵 1개만 사 먹어야겠어. |
| 도시 | ○○에는 교통이 편리하고 높은 건물이 많아. |
| 교류 | 농촌, 어촌, 산지촌 |
| 경제 활동 | 이번 주말에는 농촌 체험을 하러 가 볼까? |

정답

# 동물

動 움직일 **동** 物 만물 **물**

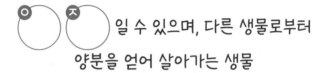

일 수 있으며, 다른 생물로부터

양분을 얻어 살아가는 생물

코끼리
참새
물고기

| | |
|---|---|
| 교과서 **쏙** | 동물에 따라 암수의 생김새가 비슷한 것도 있고 다른 것도 있습니다. |
| 실생활 **쏙** | 곤충은 배추흰나비와 개미처럼 몸이 머리, 가슴, 배의 세 부분으로 되어 있고, 다리가 세 쌍인 동물이야. |
| 비슷한 어휘 | 짐승: 사람이 아닌 동물을 이르는 말 |

# 한살이

동물이 태어나 자라서  을 남기는 과정

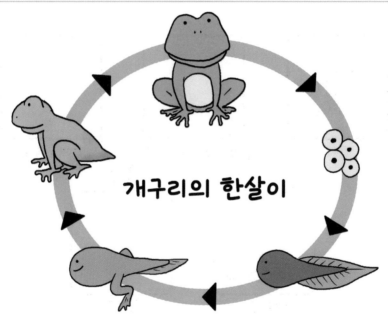

개구리의 한살이

| 교과서 쏙 | 사육 상자에서 배추흰나비를 기르면, 배추흰나비의 한살이를 관찰하기 좋아요. |
| --- | --- |
| 실생활 쏙 | 동물의 한살이를 관찰하며 생명의 소중함을 느꼈어. |
| 개념 쏙 | 식물의 한살이는 씨가 싹 트고 자라서 꽃이 피고 열매를 맺어 다시 씨가 생기는 과정을 말합니다. |

정답
웅직

# 한해살이 식물

봄에  이 터서 가을에 열매를 맺고 죽는 식물

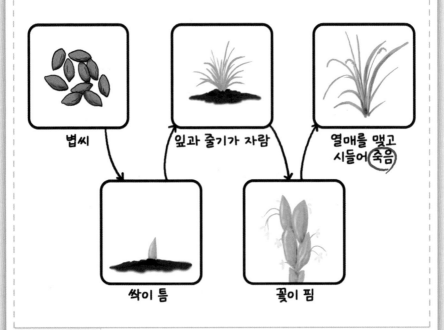

볍씨

잎과 줄기가 자람

열매를 맺고
시들어 (죽음)

싹이 틈

꽃이 핌

| 교과서 쏙 | 강낭콩과 같이 한 해만 살고 일생을 마치는 식물을 한해살이 식물이라고 합니다. |
|---|---|
| 실생활 쏙 | 한해살이 식물을 화분에 심고 한살이를 관찰해 보자. |
| 관련 어휘 | 여러해살이 식물 : 2년 이상 생존하는 식물 |

정답
자손

# 6월 21일 (세계 음악의 날)

과학

# 종자

種 씨 **종** 子 자식 **자**

식물의  씨 앗

| | | |
|---|---|---|
| 교과서 쏙 | 식물이 멸종되었을 때를 대비해 종자 저장고에 씨앗을 보관해요. | |
| 실생활 쏙 | 다양한 종자가 있으니 원하는 것을 선택해도 돼. | |
| 관련 어휘 | 발아: 씨앗에서 싹이 틈. | |

정답
싹

# 적응

適 맞을 **적** 應 응할 **응**

생물이 오랫동안 주변  에 맞게 변하는 것

**교과서 쏙**    선인장의 생김새는 사막의 환경에 적응한 결과입니다.

**실생활 쏙**    환경에 적응한 생물들의 생김새를 관찰하니 놀랍다.

**관련 어휘**    진화: 생물이 생존에 유리하게 변화한 것

정답 씨앗

# 6월 23일

## 이번 주 어휘

# 동물, 한살이, 한해살이 식물, 종자, 적응

☆ 이번 주 어휘를 보고 낱말 퍼즐을 채워 보세요.

|  |  | (1) |  |  | (2) |  |
|---|---|---|---|---|---|---|
| ① |  |  |  |  |  |  |
|  |  |  |  |  |  |  |
|  |  |  |  |  |  | (3) |
|  | ② |  |  |  |  |  |

| 가로 열쇠 | 세로 열쇠 |
|---|---|
| ① 봄에 싹이 터서 가을에 열매를 맺고 죽는 식물 (6글자) | (1) 동물이 태어나 자라서 자손을 남기는 과정 (3글자) |
| ② 생물이 오랫동안 주변 환경에 맞게 변하는 것 (2글자) | (2) 움직일 수 있으며, 다른 생물로부터 양분을 얻어 살아가는 생물 (2글자) |
|  | (3) 식물의 씨앗 (2글자) |

## 스스로 평가

| 이번 주 어휘의 뜻을 정확하게 이해했나요? | ☆☆☆ |
|---|---|
| 정리 쏙쏙을 잘 맞혔나요? | ☆☆☆ |

# 6월 24일

어휘 ➕

# 발이 넓다.

아는 사람이 많다.

| | | | (1) 한 | | | (2) 동 | |
|---|---|---|---|---|---|---|---|
| ① 한 | 해 | 살 | 이 | 식 | 물 | |
| | | | 이 | | | | |
| | | | | | | | (3) 종 |
| | | ② 적 | 응 | | | | 자 |

정답

# 목적

目 눈 목  的 과녁 적

이루려고 하는 일이나 어떤 일을 하는

저기까지 가자!!

| 교과서 🧠 | 친구에게 전화를 건 목적이 무엇인지 생각해요. |
|---|---|
| 실생활 🧠 | 내가 열심히 공부하는 목적은 똑똑한 사람이 되기 위해서야. |
| 비슷한 어휘 | 목표: 이루고 싶은 것 |

# 보존하다

保 지킬 보 存 있을 존

잘  하고 관리하여 남기다.

| 교과서 쏙 | 숲을 보존해야 하는 까닭은 무엇일까요? |
|---|---|
| 실생활 쏙 | 줄다리기는 지금까지 잘 보존된 전통 놀이야. |
| 비슷한 어휘 | 보전하다: 온전하게 보호하여 유지하다. |

정답
이유

# 고려하다

考 생각할 고　慮 생각할 려

 ㅅ　ㄱ 하고 헤아려 보다.

| 교과서 쏙 | 읽을 사람의 마음을 고려하여 편지를 써 보세요. |
|---|---|
| 실생활 쏙 | 현실을 고려해서 여름 방학 계획을 세워야겠어. |
| 비슷한 어휘 | 따지다: 계획을 세우거나 일을 할 때 낱낱이 헤아리다. |

정답
보호

# 6월 28일 (철도의 날)

# 의논하다

議 의논할 의 論 논할 논

어떤 일에 대하여 서로  을 주고받다.

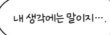

내 생각에는 말이지….

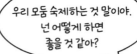

우리 모둠 숙제하는 것 말이야.
넌 어떻게 하면
좋을 것 같아?

| 교과서 쏙 | 모둠끼리 의논한 것을 바탕으로 하여 모둠 의견을 정리해 보세요. |
|---|---|
| 실생활 쏙 | 우리 반에서 어떤 행사를 하면 좋을지 의논했어. |
| 비슷한 어휘 | 논의하다: 어떤 문제에 대하여 서로 의견을 내어 토의하다. |

정답
생각

# 소개하다

紹 이을 소 介 끼일 개

상대방이 잘 모르는 것을  하여 알려 주다.

제가 소개할 책은….

옛날 옛날 아주 먼 옛날

| 교과서  | 자신이 읽은 글을 친구들에게 소개해 보세요. |
|---|---|
| 실생활  | 지금부터 달팽이 놀이를 소개해 줄게. 잘 들어! |
| 비슷한 어휘 | 설명하다: 어떤 것을 상대방이 알 수 있도록 밝혀 말하다. |

# 6월 30일

## 이번 주 어휘

# 목적, 보존하다, 고려하다, 의논하다, 소개하다

✿ 이번 주 어휘를 보고 그 뜻을 생각하며 관련 있는 문장과 이어 보세요.

| | |
|---|---|
| **고려하다** | 네가 앞자리에 앉고 싶다고? 생각해 볼게. |
| **보존하다** | 우리 문화를 지켜서 후대에 남겨야지. |
| **소개하다** | 얘는 내 동생 민우야. |
| **의논하다** | 오늘 학급 회의 시간에 자리 바꾸기 방법을 정한대. |

### 스스로 평가

| | |
|---|---|
| 이번 주 어휘의 뜻을 정확하게 이해했나요? | ☆☆☆ |
| 정리 쏙쏙을 잘 맞혔나요? | ☆☆☆ |

정답 설명

# 세 살 버릇
# 여든까지 간다.

## 습관은 고치기 힘들다.

3살        80살

"할아버지, 할아버지 이는 어떻게 그렇게 깨끗하고 튼튼해요?"

"세 살 버릇 여든까지 간다는 말이 있지. 할아버지는 어릴 때부터 양치를 아주 꼼꼼히, 규칙적으로 했단다." 민수는 할아버지의 말을 듣고 오늘부터 양치하는 습관을 기르기로 다짐했어요.

| | | |
|---|---|---|
| 고려하다 | —————— | 네가 앞자리에 앉고 싶다고? 생각해 볼게. |
| 보존하다 | —————— | 우리 문화를 지켜서 후대에 남겨야지. |
| 소개하다 | —————— | 얘는 내 동생 민우야. |
| 의논하다 | —————— | 오늘 학급 회의 시간에 자리 바꾸기 방법을 정한대. |

정답

# 권장

勸 권할 **권** 奬 장려할 **장**

권하고  쓰도록 북돋아 줌.

이 달의
권장 도서

| 교과서  | 식목일은 나무를 심고 아껴 가꾸도록 권장하기 위해 국가에서 정한 날입니다. |
|---|---|
| 실생활 쏙 | 도서관에서 권장 도서를 골라 읽었더니 참 재미있었어. |
| 비슷한 어휘 | 권고: 어떤 일을 하도록 권함.<br>장려: 좋은 일에 힘쓰도록 북돋아 줌. |

# 결정하다

決 결단할 **결** 定 정할 **정**

행동이나 태도를 분명하게  하다.

| 교과서 쏙 | 도서관에서 읽을 책을 결정할 때에는 그 책을 읽고 싶은 까닭을 생각해 보세요. |
|---|---|
| 실생활 쏙 | 결국 제비뽑기로 순서를 결정한대. |
| 비슷한 어휘 | 결단하다: 결정적인 판단을 하거나 단정을 내리다. |

정답 힌트

# 훑어보다

한쪽 끝에서 다른 끝까지  둘러보다.

| 교과서 쏙 | 책의 차례와 글을 훑어보고 책의 내용을 예상해 보세요. |
|---|---|
| 실생활 쏙 | 사야 하는 물건을 찾기 위해 마트 안을 훑어보았다. |
| 관련 어휘 | 대강: 자세하지 않게 기본적인 부분만 보는 정도 |

정답
정(하다.)

# 표결

表 겉 **표**   決 결단할 **결**

회의에서 찬성 또는 반대의 의사를 표시하여
더 ○ ○ 수가 나온 의견으로 결정함.

| 교과서 쏙 | 모든 학생이 그 안건에 대한 표결에 참여했습니다. |
|---|---|
| 실생활 쏙 | 학급 회의를 두 시간이나 했는데 결정이 나지 않아서 결국 표결에 부쳤어. |
| 개념 쏙 | 표결하는 방법: 손들어 의사 표시하기, 종이에 적어 투표하기,<br>온라인 투표하기. |

정답 쏙

# 허다하다

許 허락할 **허** 多 많을 **다**

 가 많고 흔하다.

요즘은 안경을 낀
학생들이 허다하네….

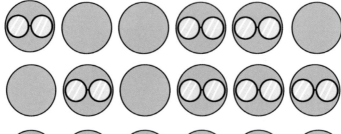

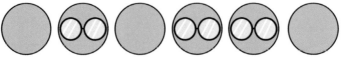

| | |
|---|---|
| 교과서 쏙 | 지난 일 년 동안 쓴 일기를 읽어 보니, 후회되는 일이 허다했습니다. |
| 실생활 쏙 | 요즘 감기에 걸려 학교에 못 나오는 친구들이 허다해. |
| 비슷한 어휘 | 수두룩하다: 매우 많고 흔하다. |

정답
많은

# 7월 7일

## 이번 주 어휘

# 권장, 결정하다, 훑어보다, 표결, 허다하다

☆ 이번 주 어휘를 보고 사다리를 타고 내려간 곳에 알맞은 어휘를 생각해 보세요.

| 의견이 모아지지 않아 어쩔 수 없다. 찬성 손들어! | 좋아! 내가 고른 책은 바로 이거야! | 하루에 30분 운동하기를 권합니다. | 집에 안 쓰는 필통이 그렇게 많은데, 또 사? |

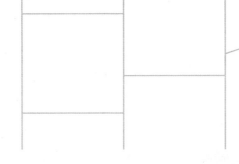

1.                    2.                    3.                    4.

### 스스로 평가

| 이번 주 어휘의 뜻을 정확하게 이해했나요? | ☆☆☆ |
| 정리 쏙쏙을 잘 맞혔나요? | ☆☆☆ |

정답
수

# 동문서답

東 동녘 동　問 물을 문　西 서녘 서　答 대답할 답

## 질문에 대해 엉뚱한 답을 하다.

"우리 오늘 저녁으로 무엇을 먹을까?"

"엄마, 이번 방학에는 바다로 여행을 가는 것은 어떨까요? 사회 시간에 배운 동해, 서해, 남해를 직접 보고 싶어요."

"동문서답이지만 좋은 생각이네. 근데 저녁은 뭘 먹고 싶니?"

## 1. 허다하다　2. 결정하다　3. 표결　4. 권장

정답

# 들이

그릇에 가득   수 있는 양

**들이**가 크다.

**들이**가 작다.

| | | |
|---|---|---|
| 교과서  | 상자에 표시된 들이를 읽어 보세요. | |
| 실생활  | 우리 물병의 들이를 비교해 보자. | |
| 개념  | 그릇의 들이를 비교하는 방법 | 하나의 그릇에 물 가득 채운 후 다른 그릇에 옮겨 담아 비교하기 |
| | | 두 그릇에 물을 가득 채운 후 크기가 같은 수조에 각각 부어 비교하기 |

# 7월 10일

# 각도

角 뿔 **각** 度 법도 도

각의

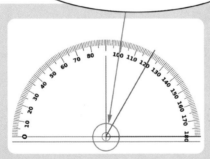

각을 잴 때는 각도기의 중심에
각의 꼭짓점을 맞추는 것부터
해야 합니다.

| 교과서 쏙 | 주어진 각도의 각을 그려 보세요. |
| --- | --- |
| 실생활 쏙 | 각도기로 주변 사물의 각도를 재어 보자! |

| 개념 쏙 | 예각 | 직각 | 둔각 |
| --- | --- | --- | --- |
| | 0°보다는 크고 90°보다는 작은 각 | 90° | 90°보다는 크고 180°보다는 작은 각 |

정답
답을

# 이동

移 옮길 **이** 動 움직일 **동**

움직여 .

## 어떻게 이동시켜야 할까요?

| 교과서 쏙 | 모눈 칠판의 자석을 주어진 대로 이동시켜 보세요. |
|---|---|
| 실생활 쏙 | 사다리꼴을 360° 이동시키니 원래의 모습과 같네. |
| 개념 쏙 | 평면 도형의 이동 |

| 평면 도형의 이동 | | |
|---|---|---|
| 밀기 | 뒤집기 | 돌리기 |

정답 크기

# 7월 12일

# 시계 방향

時 때 **시** 計 셀 **계** 方 모 **방** 向 향할 **향**

 바늘이 돌아가는 방향

## 시계 방향으로 돌리기

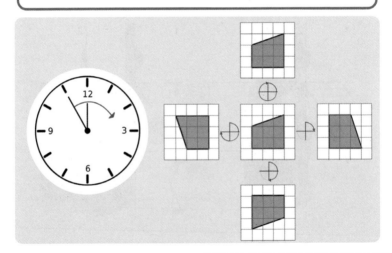

| 교과서 쏙 | 모양 조각을 시계 방향으로 90°만큼 돌려 보세요. |
| --- | --- |
| 실생활 쏙 | 시계 방향으로 두 바퀴 돌아보자. |
| 개념 쏙 | 도형을 돌릴 때는 방향과 각도 모두 생각해야 합니다. |

정답 옮김

# 채우다

일정한 공간에   하게 하다.

> 3가지 모양 조각을 사용하여
> 주어진 모양을 빈틈없이 채워 보세요.

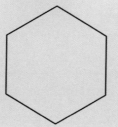

| 교과서 쏙 | 빈칸을 채워 무늬를 완성합니다. |
| --- | --- |
| 실생활 쏙 | 우리 반 벽은 삼각형으로 빈틈없이 채워져 있어. |
| 비슷한 어휘 | 메우다: 부족하거나 모자라는 것을 채우다. |

정답
시곗(바늘)

# 7월 14일

## 이번 주 어휘

# 들이, 각도, 이동, 시계 방향, 채우다

☆ 이번 주 어휘를 보고 낱말 퍼즐을 채워 보세요.

| ① | (1) | | | (2) |
|---|---|---|---|---|
| | | | | |
| | | | | |
| | ② | | | |

| 가로 열쇠 | 세로 열쇠 |
|---|---|
| ① 그릇에 가득 담을 수 있는 양 (2글자) | (1) 움직여 옮김. (2글자) |
| ② 시곗바늘이 돌아가는 방향 (4글자) | (2) 각의 크기 (2글자) |

### 스스로 평가

| 이번 주 어휘의 뜻을 정확하게 이해했나요? | ☆☆☆ |
|---|---|
| 정리 쏙쏙을 잘 맞혔나요? | ☆☆☆ |

# 손꼽아 기다리다.

기대에 차 간절하게 기다리다.

| ① | 들 | (1) | 이 | | | (2) | 각 |
|---|---|---|---|---|---|---|---|
| | | | 동 | | | | 도 |
| | | | | | | | |
| | | ② | 시 | 계 | 방 | | 향 |

정답

# 생산

生 날 생  産 낳을 산

생활에 필요한 물건이나 서비스를  .

| 교과서 🔁 | 선생님이 수업을 하고, 버스 기사가 승객을 태우는 것도 생산이라 할 수 있습니다. |
|---|---|
| 실생활 🔁 | 필리핀에 태풍이 와서 파인애플 생산에 문제가 생겼대. |
| 비슷한 어휘 | 제작: 재료를 가지고 새로운 물건이나 예술 작품을 만듦. |

# 소비

消 사라질 **소** 費 쓸 **비**

생활에 필요한 물건이나 서비스를 구매하여 ㅅ◯ㅇ◯함.

| | |
|---|---|
| 교과서 쏙 | 시장에서는 다양한 생산과 소비 활동이 이루어집니다. |
| 실생활 쏙 | 남은 용돈이 조금이니까 계획을 세워 소비해야겠어. |
| 비슷한 어휘 | 소모: 써서 없앰. |

정답 만듦

# 시장

市 저자 **시** 場 마당 **장**

필요한 물건을 사고  곳

| | |
|---|---|
| 교과서 **쏙** | 사람들이 직접 만나지 않고 물건을 사고파는 시장도 있습니다. |
| 실생활 **쏙** | 시장에서는 내가 원하는 물건을 자유롭게 고를 수 있어. |
| 개념 **쏙** | 시장의 종류: 재래시장, 대형 마트, 백화점, 인터넷 쇼핑몰 등 |

# 자원

資 재물 **자** 源 근원 **원**

생산 활동에 필요한 물건,

사람의 ( ), 기술, 시간 등을 이르는 말

**천연자원**

**인적 자원**

| 교과서 쏙 | 각 지역마다 가지고 있는 자원이 달라서 우리는 서로 교류를 하며 살아갑니다. |
| --- | --- |
| 실생활 쏙 | 한정된 자원을 낭비하지 않고 잘 사용해야 해. |
| 개념 쏙 | 자원의 예<br>- 천연자원: 석유, 철, 나무, 생선, 조개 등<br>- 인적 자원: 인간의 기술, 노동력 등 |

정답 파는

# 7월 20일

# 희소성

稀 드물 **희**　少 적을 **소**　性 성품 **성**

사람들이 원하는 것에 비해  이 부족한 상태

999,000원

**100개**
한정판
출시!!

| 교과서 쏙 | 환경 오염으로 인해 깨끗한 물의 희소성이 커져 요즘에는 물을 사서 마시기도 합니다. |
|---|---|
| 실생활 쏙 | 이 인기 있는 로봇은 한정판으로 100개만 만들었대. 희소성이 높아서 사기 어렵겠어. |
| 비슷한 어휘 | 희귀: 드물어 매우 귀함. |

정답
힌트

## 이번 주 어휘

# 생산, 소비, 시장, 자원, 희소성

☆ 이번 주 어휘를 보고 빈칸에 들어갈 어휘를 생각해 보세요.

1. 과자를 사 먹거나 좋아하는 아이돌 가수의 공연을 보러 가는 것은

   (              ) 활동이다.

2. 농사를 짓고, 의사가 진료를 하는 것은 (              ) 활동이다.

3. 자원의 (              ) 때문에 우리는 용돈을 아껴 사용해야 합니다.

4. 석유 같은 (              )은 한정돼 있어서 언젠가는 고갈될 거야.

5. (              )에 가기 전 무엇을 살지 미리 적어 보자.

---

### 스스로 평가

| | |
|---|---|
| 이번 주 어휘의 뜻을 정확하게 이해했나요? | ☆☆☆ |
| 정리 쏙쏙을 잘 맞혔나요? | ☆☆☆ |

정답
자원

# 7월 22일

# 소 잃고 외양간 고친다.

### 이미 잘못된 후에 후회해도 소용없다.

"계속 거짓말을 하다간 너의 말을 아무도 안 믿을 거야."

소녀가 진심을 담아 조언했지만, 양치기 소년은 계속 거짓말을 했어요. 그러던 어느 날 정말 늑대가 양들을 잡아먹으려고 하지 뭐예요? 소년이 어느 때보다 크고 절실하게 외쳤지만, 마을 사람들은 아무도 도와주려고 오지 않았어요.

"거짓말로 신뢰를 잃었구나. 다신 거짓말을 하지 말아야겠어."

옆에 있던 소녀는 생각했어요. '소 잃고 외양간 고치는구나.'

1. 소비   2. 생산   3. 희소성   4. 자원   5. 시장

정답

# 지구

地 땅 **지** 球 공 **구**

  가 살고 있는 천체

| 교과서 🔖 | 지구 표면에는 높이 솟은 산, 편평한 들뿐만 아니라 강, 바다, 사막 등이 있습니다. |
|---|---|
| 실생활 🔖 | 지구는 둥근 공 모양이야. |
| 관련 어휘 | 지표: 지구의 표면 |

# 퇴적

堆 쌓을 **퇴**  積 쌓을 **적**

물이나 바람에 의해 알갱이들이 운반되어  는 것

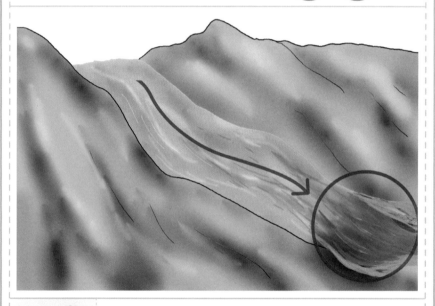

| | | |
|---|---|---|
| **교과서 쏙** | 강 하류는 퇴적 작용이 활발하게 일어납니다. | |
| **실생활 쏙** | 사람들이 아무렇게나 버린 쓰레기들이 강 하류에 같이 퇴적되어 환경 오염이 심각해지고 있어. | |
| **개념 쏙** | 침식: 지표의 바위나, 돌, 흙 등이 빗물, 바람 등에 의해 깎여 나가는 것 | |

정답
인류

# 지층

地 땅 **지** 層 층 **층**

자갈, 진흙 등의 퇴적물이 ◯◯ 이

쌓이고 굳어져 만들어진 것

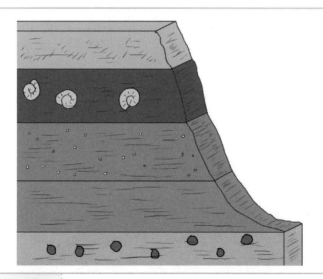

| 교과서 쏙 | 지층은 크기가 다른 알맹이들이 쌓여 만들어져요. |
| 실생활 쏙 | 지층을 관찰해 보니 층마다 두께와 색깔이 다르네! |
| 개념 쏙 | 화석: 옛날에 살았던 생물의 몸체나 흔적이 암석이나 지층에 남아 있는 것 |

정답
쌓이(는)

# 화산

火 불 **화**  山 산 **산**

땅속 ⓜ ⓖ ⓜ 가 분출하여 만들어진 산

| 교과서 쏙 | 화산 활동은 우리 생활에 피해를 주기도, 도움이 되기도 합니다. |
| 실생활 쏙 | 제주도는 화산 활동으로 만들어진 섬이야. |
| 개념 쏙 | 화성암: 마그마가 굳어져 만들어진 암석, 화강암과 현무암이 있음. |

정답
총총

# 7월 27일 (유엔(UN)군 참전의 날)

# 지진

地 땅 **지** 震 벼락 **진**

땅이 갈라지며   리는 현상

| 교과서 쏙 | 지진의 세기는 규모로 나타내며, 규모가 클수록 강한 지진입니다. |
|---|---|
| 실생활 쏙 | 지진이 발생했을 때 머리부터 보호해야 해. |
| 개념 쏙 | 지진대: 띠 모양을 이루면서 지진이 많이 발생하는 지역 |

정답
마그마

# 7월 28일

## 이번 주 어휘

# 지구, 퇴적, 지층, 화산, 지진

✿ 이번 주 어휘를 보고 빈칸을 채워 보세요.

1. (              )는 육지와 바다로 이루어져 있어요.

2. 돌과 진흙 등 다양한 크기의 알맹이들이 쌓이면 (              )이

   만들어져요.

3. (              ) 주변 땅속의 열로 온천을 개발해요.

4. 강의 하류에는 (              ) 작용이 활발하게 일어나요.

5. 예고 없이 발생하는 (              )에 대처할 수 있는 방법을 알아

   두어야 해요.

| 스스로 평가 | |
|---|---|
| 이번 주 어휘의 뜻을 정확하게 이해했나요? | ☆☆☆ |
| 정리 쏙쏙을 잘 맞혔나요? | ☆☆☆ |

정답 흔들

# 손이 크다.

씀씀이가 후하다.

**김장하는 날!!**

하다 보니,
100인분을
준비해 버렸네~.

역시 우리집은
손이 커!!

1. 지구   2. 지층   3. 화산   4. 퇴적   5. 지진

정답

# 대화

對 대답할 대  話 말할 화

마주 보고 ㅇㅇㄱ 함.

| 교과서 쏙 | 예절을 지켜 대화하면 좋은 점을 생각해 보세요. |
| --- | --- |
| 실생활 쏙 | 너와 대화할 땐 늘 기분이 좋아. |
| 비슷한 어휘 | 이야기: 자신의 경험이나 생각 또는 현상에 대한 줄거리를 남에게 일러 주는 말 |

# 전개

展 펼 전 開 열 개

내용을 (ㅈ)(ㅎ) 시켜 펴 나감.

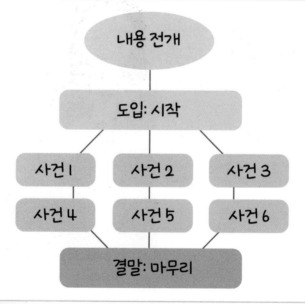

내용 전개

도입: 시작

사건 1   사건 2   사건 3

사건 4   사건 5   사건 6

결말: 마무리

| | |
|---|---|
| 교과서 쏙 | 글의 전개에 따라 내용을 간추립니다. |
| 실생활 쏙 | 이 책은 전개가 빨라서 흥미진진해! |
| 비슷한 어휘 | 진행: 앞으로 나아감. |

정답 이야기

# 내세우다

 을 주장하거나 지지하다.

제 의견은
다음과 같습니다.

| | |
|---|---|
| 교과서 쏙 | 자신의 의견을 당당하게 내세운 친구를 칭찬합시다. |
| 실생활 쏙 | 자신의 생각을 내세울 때도 예절을 지켜야 해. |
| 다른 뜻도 있어요 | 내세우다<br>- 나와 서게 하다.<br>- 어떤 일에 앞장서 행동하게 하다. |

정답
진행

# 8월 2일

국어

# 상황

狀 형상 **상** 況 형편 **황**

일이 되어 가는  ㅁ ㅅ

도서관의 상황에
어울리지 않는 것에
체크해 보세요.

이 달의 노서

컬런지

대출증
관리 잘하기

독서 행사
참여하기

시끄럽게
떠들기

책 대출하기

사서 선생님께
예의 있게 행동하기

뛰어다니기

| 교과서 쏙 | 상황에 따라 우리가 지켜야 할 예절이 있습니다. |
|---|---|
| 실생활 쏙 | 운동장에서 말하는 상황이니 마이크를 쓰자. |
| 비슷한 어휘 | 상태: 일이나 사람이 놓여 있는 형편<br>형편: 일이 되어 가는 상태 |

정답
의견

# 8월 3일

# 몸짓

몸을 움직이는

지난 주말에
발레 공연을 봤어요.

발레리나의 몸짓이
무척 우아했어요.

| | | |
|---|---|---|
| 교과서 쓱 | | 알맞은 몸짓과 말투로 실감 나게 표현하면 듣는 사람도 그 일을 생생하게 느낄 수 있습니다. |
| 실생활 쓱 | | 너의 귀여운 몸짓에 웃음이 난다. |
| 비슷한 어휘 | | 자세: 몸의 모양과 태도 |

정답
모습

# 8월 4일

## 이번 주 어휘

## 대화, 전개, 내세우다, 상황, 몸짓
### (내세운)

☆ 이번 주 어휘를 보고 빈칸을 채워 보세요.

1. (              )를 통해 너에 대해 많이 알게 되었어.

2. 너와 내가 처한 (              )이 다르니 생각도 다르네.

3. 네가 (              ) 주장을 들으니 네 말이 맞는 것 같아.

4. 앞으로 내용이 어떻게 (              )될지 너무 기대된다.

5. 정말 재미있네! 네 (              )과 표정이 더욱 이야기를 생생하게

   느껴지게 해 줘.

---

### 스스로 평가

| | |
|---|---|
| 이번 주 어휘의 뜻을 정확하게 이해했나요? | ☆☆☆ |
| 정리 쏙쏙을 잘 맞혔나요? | ☆☆☆ |

정답
모양

# 쇠뿔도 단김에 빼라.

### 결심했다면 행동해야 한다.

임금님 귀가 당나귀 귀라니. 왕관을 만들기 위해 궁전으로 간 장인은 몹시 놀랐어요. 다른 사람에게 말하면 큰 벌을 내리겠다는 말에 장인은 아무에게도 말하지 않았죠. 그런데 하루는 이 사실을 말하지 않고는 못 견디겠는 기분이 드는 거예요.

"쇠뿔도 단김에 빼라고, 한번 말하고 싶다는 생각이 드니 어쩔 수가 없다. 저기 대나무밭에 가서 말하면 아무도 모르겠지?"

**1. 대화   2. 상황   3. 내세운   4. 전개   5. 몸짓**

정답

# 구별하다

區 구분할 **구** 別 나눌 **별**

성질이나 종류에 따라  다.

깨진 달걀과 깨지지 않은 달걀로
구별하자.

| 교과서 쓱 | 사실과 의견의 차이점을 생각하며 구별해 보세요. |
| --- | --- |
| 실생활 쓱 | 내가 이 계란들이 상했는지 괜찮은지 구별해 볼게. |
| 비슷한 어휘 | 구분하다: 기준에 따라 전체를 몇 개로 가르다. |

# 흐름

이야기가  되는 모습

릴레이 창작 놀이를 하자!!

나부터 할게!
옛날 어느 마을에 착한
나무꾼과 홀어머니가 살고 있었어.

 그러던 어느 날,
나무꾼이 나무를 하다가
커다란 알을 하나 발견한거야!

그래서 그 나무꾼은
화가가 되었대!

응???
그건 흐름에 안 맞잖아!!!

| 교과서 쏙 | 주어진 글을 다시 읽고 글의 흐름을 파악해 보세요. |
| --- | --- |
| 실생활 쏙 | 일어난 일들을 연결하면 이야기의 흐름을 알 수 있어. |
| 다른 뜻도 있어요 | 흐름<br>- 흐르는 것<br>- 한 줄기로 잇따라 진행됨의 비유적 표현 |

정답
가르(다.)

# 8월 8일

# 주제

主 주인 **주** 題 제목 **제**

이야기에서 나타내려는

이 책의 주제는 감사하는 마음을 가지고 살아야 한다는 거야!

| 교과서 쏙 | 주제를 찾을 때에는 제목, 인물의 말이나 행동, 일어난 일 등을 살펴봅니다. |
|---|---|
| 실생활 쏙 | 이야기의 주제가 무엇이라고 생각해? |
| 비슷한 어휘 | 중심 생각: 글을 통해 글쓴이가 전하려는 생각 |

정답 전개

# 자연스럽다

自 스스로 **자** 然 그러할 **연**

억지로 꾸미지 않고  하다.

> 조선 시대 한복을 입고
> 전기 파리채를 들고 있으니 자연스럽지 않고
> 어색하네~.

| | | |
|---|---|---|
| **교과서 쏙** | | 상상한 내용이 자연스럽게 이어지려면 이야기의 흐름을 고려해야 합니다. |
| **실생활 쏙** | | 인물의 성격을 생각해보면 이 행동이 자연스러워. |
| **비슷한 어휘** | | 그럴듯하다: 제법 그렇다고 여길만하다. |

# 절차

節 마디 절 次 버금 차

일의 ⟨人⟩⟨人⟩ 나 방법

## 회의의 절차

개회 → 주제 선정 → 주제 토의 → 표결 → 결과 발표 → 폐회

| 교과서 쏙 | 절차와 규칙을 지켜 회의에 적극적으로 참여해 보세요. |
|---|---|
| 실생활 쏙 | 절차를 무시하고 네 마음대로 하면 안 돼. |
| 비슷한 어휘 | 순서: 일이 이루어지는 차례 |

정답 당연

## 이번 주 어휘

# 구별하다, 흐름, 주제, 자연스럽다, 절차

✿ 이번 주 어휘를 보고 그 뜻을 생각하며 관련 있는 문장과 이어 보세요.

| 절차 | | 크기를 보니 이건 형의 것이고 저것이 내 거야. |
| --- | --- | --- |
| 구별하다 | | 오! 어색하지 않아. 맞아, 이럴 것 같아. |
| 자연스럽다 | | 이제 다음 순서로 넘어가자. |
| 주제 | | 글쓴이는 부모님께 효도하자는 이야기를 하고자 이 글을 썼구나. |

### 스스로 평가

| 이번 주 어휘의 뜻을 정확하게 이해했나요? | ☆☆☆ |
| --- | --- |
| 정리 쏙쏙을 잘 맞혔나요? | ☆☆☆ |

정답 순서

# 사필귀정

事 일 **사**　必 반드시 **필**　歸 돌아갈 **귀**　正 바를 **정**

## 무슨 일이든 옳은 이치대로 돌아간다.

> 늑대가 잘못한 일이야.
> 다 사필귀정이지.

살려 달라는 소리에 사냥꾼은 뒤를 돌아보았어요. 쿨쿨 잠을 자고 있는 늑대의 볼록한 배에서 나는 소리였어요. 늑대의 배를 갈라 보았더니 빨간 모자를 쓴 소녀와 할머니가 있지 뭐예요? 늑대의 배를 꿰매며 사냥꾼이 말했어요.

"사필귀정이야. 얼른 할머니 모시고 집으로 가렴."

| | |
|---|---|
| 절차 | 크기를 보니 이건 형의 것이고 저것이 내 거야. |
| 구별하다 | 오! 어색하지 않아. 맞아, 이럴 것 같아. |
| 자연스럽다 | 이제 다음 순서로 넘어가자. |
| 주제 | 글쓴이는 부모님께 효도하자는 이야기를 하고자 이 글을 썼구나. |

정답

# 수직

垂 드리울 **수**　直 곧을 **직**

두 직선이 만나  을 이루는 상태

---

## 수직인 직선에 동그라미를 치세요.

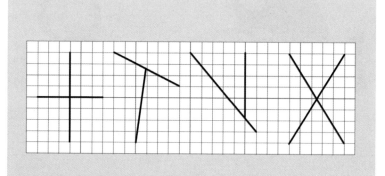

---

**교과서 쏙** 　 서로 수직인 두 직선이 이루는 각의 크기는 90°입니다.

**실생활 쏙** 　 우리 교실에서 수직인 곳을 찾아보자.

**개념 쏙** 　 두 직선이 서로 수직으로 만나면 한 직선을 다른 직선에 대한 수선이라고 합니다.

# 8월 14일

# 평행

뜻 평평할 **평** 行 갈 **행**

계속 늘여도 ⓜ ⓛ ⓩ 않는 상태

## 서로 평행한 직선에 동그라미를 치세요.

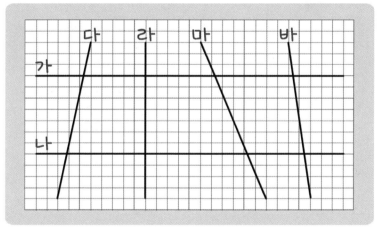

| 교과서 🔖 | 삼각자를 이용하여 주어진 직선과 평행한 직선을 그어 보세요. |
| --- | --- |
| 실생활 🔖 | 운동장에서 서로 평행한 직선을 찾아보자. |
| 반대 어휘 | 교차: 서로 엇갈리거나 마주침. |

정답
직각

# 다각형

多 많을 **다**　角 뿔 **각**　形 모양 **형**

  으로 둘러싸인 도형

곡선이 있는 경우,
다각형이 아니에요.

곡선이 없고
선분으로 둘러쌓인
다각형!!

선분으로 둘러쌓여
있지 않은 경우,
다각형이 아니에요.

| 교과서  | 다각형은 변의 수에 따라 이름을 붙입니다. |
|---|---|
| 실생활  | 사각형 모양 시계는 다각형이고, 원 모양 시계는 다각형이 아니야. |
| 개념  | 정다각형: 변의 길이가 모두 같고 각의 크기가 모두 같은 다각형 |

정답
만나지

# 대각선

對 대할 대 角 뿔 각 線 줄 선

다각형에서 서로  하지 않은 두 꼭짓점을 이은 선분

> 윷판에서 말이 갈 수 있는
> 대각선을 그려 보세요.

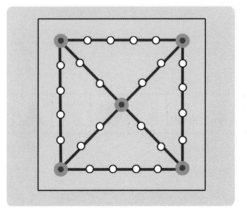

| 교과서 쏙 | 다각형에 모두 대각선을 긋고, 대각선의 개수를 세어 보세요. |
| --- | --- |
| 실생활 쏙 | 삼각형은 꼭짓점이 모두 이웃해서 대각선이 없네! |
| 관련 어휘 | 이웃하다: 나란히 또는 가까이 있다. |

정답
선분

# 배열

配 나눌 **배** 列 줄 **열**

일정한  에 따라 벌여 놓음.

> ## 도형의 배열을 보고
> ## 빈칸에 올 다음 도형을 그려 보세요.

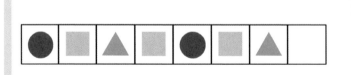

| 교과서 | 수의 배열표를 보고 규칙을 찾아보세요. |
|---|---|
| 실생활 | 음료수의 배열에서 규칙을 찾았어! |
| 비슷한 어휘 | 나열: 나란히 줄을 지음. |

## 이번 주 어휘

# 수직, 평행, 다각형, 대각선, 배열

☆ 이번 주 어휘를 보고 낱말 퍼즐을 채워 보세요.

|   | (1) |   | (2) |
|---|---|---|---|
| ① |   |   |   |
|   |   |   |   |
|   |   | ② |   |

| 가로 열쇠 | 세로 열쇠 |
|---|---|
| ① 선분으로 둘러싸인 도형 (3글자) | (1) 다각형에서 서로 이웃하지 않은 두 꼭짓점을 이은 선분 (3글자) |
| ② 두 직선이 만나 직각을 이루는 상태 (2글자) | (2) 계속 늘여도 만나지 않는 상태 (2글자) |

### 스스로 평가

| 이번 주 어휘의 뜻을 정확하게 이해했나요? | ☆☆☆ |
|---|---|
| 정리 쏙쏙을 잘 맞혔나요? | ☆☆☆ |

정답 차례

# 8월 19일

# 손에 땀을 쥐다.

아슬아슬하여 마음이 조마조마하다.

| | | (1) | 대 | | | | (2) | 평 |
|---|---|---|---|---|---|---|---|---|
| ① | 다 | | 각 | | 형 | | | 행 |
| | | | 선 | | | | | |
| | | | | | | ② | 수 | 직 |

# 영토

領 거느릴 **영(령)** 土 흙 **토**

한 나라의 주권이 미치는

| 교과서 🧠 | 우리나라의 영토는 한반도와 그 주변의 섬으로 이루어져 있습니다. |
| --- | --- |
| 실생활 🧠 | 독도는 우리 땅! 독도는 한국의 영토야. |
| 개념 🧠 | 영해: 한 나라의 주권이 미치는 바다<br>영공: 한 나라의 주권이 미치는 하늘 |

# 8월 21일

# 지형

地 땅 **지** 形 모양 **형**

 의 생김새

| 교과서 쏙 | 우리나라는 산지, 하천, 평야, 해안 등 다양한 지형이 발달하였습니다. |
|---|---|
| 실생활 쏙 | 우리나라 지형은 70%가 산지야. |
| 비슷한 어휘 | 지리: 어떤 곳의 지형이나 길 |

정답
땅

# 기후

氣 기운 **기** 候 기후 **후**

한 지역에서 나타나는 평균적인

| 교과서 쏙 | 우리나라는 계절에 따라 기후가 다릅니다. |
|---|---|
| 실생활 쏙 | 기후에 따라 사람들의 생활 모습이 달라져. |

| 개념 쏙 | | 날씨 | 기후 |
|---|---|---|---|
| | 뜻 | 지금 그곳의 날씨 | 그 지역의 평균 날씨 |
| | 예문 | 오늘 날씨 어때요? | 한국은 8월에 얼마나 더워요? |

정답
땅

# 인구 분포

人 사람 **인** 口 입 **구** 分 나눌 **분** 布 베 **포**

사람이 어디에 얼마나 모여  있는가를 나타낸 것

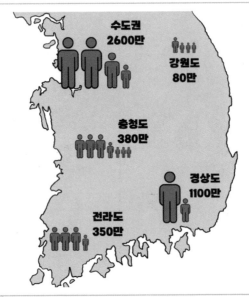

| 교과서 쏙 | 우리나라는 주로 도시에 많이 사는 인구 분포를 나타내고 있습니다. |
| --- | --- |
| 실생활 쏙 | 우리나라 인구 분포를 보면 인구의 절반 정도가 수도권에 살고 있다는 것을 알 수 있어. |
| 관련 어휘 | 분포: 일정한 범위에 흩어져 퍼져 있음. |

정답 날씨

# 8월 24일

사회

# 인권

人 사람 **인** 權 저울추 **권**

 다운 삶을 살기 위해 당연히 누려야 할 권리

| 교과서 쏙 | 인권은 인종, 성별, 나이 등과 상관없이 누구나 동등하게 누려야 하는 권리입니다. |
|---|---|
| 실생활 쏙 | 인권에는 교육받을 권리, 안전할 권리, 차별받지 않을 권리 등 다양한 권리가 포함되어 있어. |
| 관련 어휘 | 인권 신장: 인권의 범위가 점차 늘어남. |

정답
살고

# 8월 25일

## 이번 주 어휘

# 영토, 지형, 기후, 인구 분포, 인권

☆ 이번 주 어휘를 보고 사다리를 타고 내려간 곳에 알맞은 어휘를 생각해 보세요.

| 아니! 그건 인간으로서 당연히 누려야 할 권리야. | 한반도, 제주도, 울릉도, 독도…. | 하천, 해안, 산지, 평야…. | 세계 곳곳의 ○○가 달라 생활 모습도 다르다. |

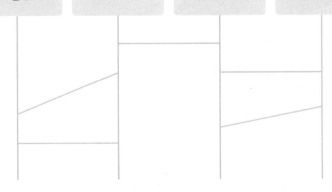

1.                2.                3.                4.

---

### 스스로 평가

| 이번 주 어휘의 뜻을 정확하게 이해했나요? | ☆☆☆ |
| 정리 쏙쏙을 잘 맞혔나요? | ☆☆☆ |

정답 인간

# 우물 안 개구리

세상 넓은 줄 모르는 어리석은 사람

깊은 숲속 높은 탑에는 라푼젤이란 이름의 한 소녀가 갇혀 살고 있었어요. 매일 마녀가 와 필요한 물건과 음식을 충분히 주었지만, 라푼젤은 늘 부족한 느낌이었어요.

'난 우물 안 개구리야. 탑 밖 세상이 너무 궁금해. 밖으로 나갈 방법을 생각해 보자.'

1. 인권   2. 지형   3. 영토   4.기후

정답

# 운동

運 옮길 **운** 動 움직일 **동**

시간에 따라 물체의  가 변하는 것

**이 동**

12시        14시

| 교과서 🧠 | 우리 주변에는 빠르게 운동하는 물체도 있고, 느리게 운동하는 물체도 있습니다. |
|---|---|
| 실생활 🧠 | 책의 위치가 변하지 않았으므로 책은 운동하지 않았어. |
| 관련 어휘 | 위치: 일정한 곳에 자리를 차지하거나 그 자리 |

# 속력

速빠를 **속** 力힘 **력**

단위 시간 동안 물체가 이동한

**2km/시**

**18km/시**

**80km/시**

**1800km/시**

| | |
|---|---|
| 교과서 쏙 | 물체의 속력을 나타낼 때는 m/s, km/h 등의 단위를 씁니다. |
| 실생활 쏙 | 어린이 보호 구역에서는 자동차의 속력을 시속 30km 이내로 줄여야 해. |
| 개념 쏙 | 속력의 단위: m/s, km/h |

정답
위치

# 온도

溫 따뜻할 **온** 度 법도 **도**

물체나 물질의 차갑거나    정도

| | |
|---|---|
| 교과서 쏙 | 물체나 물질의 온도는 사람마다 다르게 느낄 수 있으므로 온도계를 사용하여 정확하게 측정해 나타냅니다. |
| 실생활 쏙 | 전에 만진 물건이 무엇인지에 따라 온도가 다르게 느껴지네. |
| 관련 어휘 | 기온: 대기의 온도 |

# 전도

傳 전할 **전** 導 인도할 **도**

열 또는 전기가 물체 속을  하는 일

앗 !!
뜨거워 !!

| 교과서 🧠 | 고체에서 열이 전도되는 빠르기는 물질의 종류에 따라 다릅니다. |
|---|---|
| 실생활 🧠 | 쉽게 전도되는 물질을 만질 땐 조심해야 해. |

| 개념 🧠 | 전도가 잘 되는 물질 | 전도가 잘 되지 않는 물질 |
|---|---|---|
| | 은, 구리, 철 등 금속 | 나무, 플라스틱, 천 등 비금속 |

정답
뜨거운

# 단열

斷 끊을 **단** 熱 더울 **열**

물체와 물체 사이에  이 서로 통하지 않도록 막음.

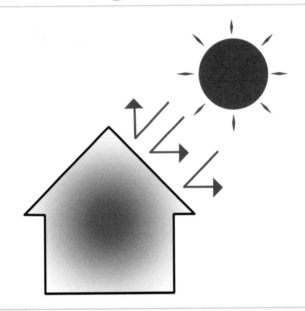

| **교과서** 🧠 | 일상생활에서는 단열을 위해 열의 전도가 느린 물질을 활용합니다. |
| --- | --- |
| **실생활** 🧠 | 이 집은 단열이 잘 되는 집이라 따뜻하다. |
| **관련 어휘** | 보온: 건물, 물, 요리 등 물건의 온도를 따뜻하게 보존하는 일 |

정답 이동

# 9월 1일

## 이번 주 어휘

### 운동, 속력, 온도, 전도, 단열

☆ 이번 주 어휘를 생각하며 서로 이어 보세요.

| 속력 | ● | | ● | 열 또는 전기가<br>물체 속을 이동하는 일 |
|---|---|---|---|---|
| 온도 | ● | | ● | 단위 시간 동안<br>물체가 이동한 거리 |
| 전도 | ● | | ● | 물체나 물질의 차갑거나<br>뜨거운 정도 |
| 단열 | ● | | ● | 물체와 물체 사이에<br>열이 서로 통하지 않도록<br>막음 |

### 스스로 평가

| 이번 주 어휘의 뜻을 정확하게 이해했나요? | ☆☆☆ |
|---|---|
| 정리 쏙쏙을 잘 맞혔나요? | ☆☆☆ |

정답 열

# 얼굴이 두껍다.

부끄러움을 모르고 뻔뻔하다.

운동도 하고
쓰레기도 줍고….
줍킹하니까
정말 뿌듯하다!

아주머니!!!!
뭐 하시는 거예요??

네가 무슨 상관이야!!!
내가 버렸단 증거 있어??

진짜….
얼굴이 너무 두껍다.
내가 똑똑히 봤는데!!

쓰레기는 쓰레기통에!!

| | | |
|---|---|---|
| 속력 | | 열 또는 전기가 물체 속 이동하는 일 |
| 온도 | | 단위 시간 동안 물체가 이동한 거리 |
| 전도 | | 물체나 물질의 차갑거나 뜨거운 정도 |
| 단열 | | 물체와 물체 사이에 열이 서로 통하지 않도록 막음 |

정답

# 포함하다

㿦 쌀 **포** 숨 머금을 **함**

어떤 것에   있거나 함께 넣다.

악 기

현악기

바이올린

| 교과서 쏙 | '요일'에 포함되는 낱말에는 무엇이 있습니까? |
|---|---|
| 실생활 쏙 | 나를 포함하여 우리 반 모두 오늘 시간 맞춰 등교했어. |
| 비슷한 어휘 | 속하다: 무리에 들어 있다. |

# 제안하다

提 끌 제 案 책상 안

 으로 내놓다.

---

c Cash     ⊘ · 2023.06.19.     ⋮

**화장실을 제발 깨끗하게 씁시다!**
"아무리 붙여도 효과 없는 **화장실** 안내 문구… 여러분의 생각은 어떠신가

대구     · 2022.02.22.

**공중화장실 깨끗하게 쓰는 방법 다 같이 실천하면 좋겠습니다!**
그렇다면 공중화장실을 깨끗하게 쓰려면 어떻게 해야 할까요?

서울 경기 인천     · 2023.08.18.

쉽고 간단한 우리집 **깨끗한 화장실청소**
우리 다같이 깨끗한 화장실 만들기 실천해볼까요?

쉽고 간단한 우리집 **깨끗한** 화장실청소 방법 알아보기

---

| | |
|---|---|
| 교과서  | 제안하는 글을 통해 문제 상황과 해결 방법을 알릴 수 있습니다. |
| 실생활  | 급식 순서를 매일 바꾸는 것을 제안하고 싶어요. |
| 비슷한 어휘 | 제시하다: 생각을 말이나 글로 내놓다. |

정답 들어

# 짜임

조직이나 ㄱ ㅅ

## 문장의 짜임

| 예지는 | 초등학생입니다. |
|--------|----------------|
| **누가** | **무엇이다.** |

| 예지가 | 열심히 공부합니다. |
|--------|------------------|
| **누가** | **어찌하다.** |

| 교과서 쏙 | 문장의 짜임을 알면 문장을 두 부분으로 끊어 읽을 수 있어 이해하기 쉽습니다. |
|-----------|------------------------------------------------------------------------|
| 실생활 쏙 | 문장의 짜임이 어색한 부분이 있어 표시해 보았어. |
| 관련 어휘 | 짜다: 부분을 맞추어 전체를 만들다. |

정답
의견

# 기록하다

記 기록할 **기** 錄 기록할 **록**

어떤 사실을  .

| 교과서 쏙 | 문자를 발명하기 전 선조들은 그림으로 정보를 기록했습니다. |
|---|---|
| 실생활 쏙 | 매일 있었던 일을 기록하는 습관은 참 좋구나. |
| 비슷한 어휘 | 작성하다: 서류나 원고를 만들다. |

정답 구성

# 머리말

책의  에 적힌 작가의 말

머리말

이 책은...

| 교과서 쏙 | 책의 머리말을 살펴보며 내용을 예상해 보세요. |
|---|---|
| 실생활 쏙 | 나는 책을 고를 때 머리말을 보곤 해. |
| 개념 쏙 | 머리말에 담겨 있는 내용: 작가가 책을 쓴 까닭, 책 전체 내용에 대한 정보 |

정답 적다

# 9월 8일

## 이번 주 어휘

## 포함하다, 제안하다, 짜임, 기록하다, 머리말

☆ 이번 주 어휘를 보고 사다리를 타고 내려간 곳에 알맞은 어휘를 생각해 보세요.

| 작년 오늘 어떤 일이 일어났는지 일기를 보면 알 수 있지! | 책 읽기 힘들면 만화책부터 읽어. 만화책도 책이야! | 이 책은 육상에 관한 책이구나. 읽어 봐야지. | 학급 문제를 해결하기 위해 회의하는 것이 어떨까요? |

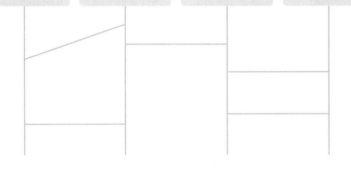

l.

2.

3.

4.

### 스스로 평가

| 이번 주 어휘의 뜻을 정확하게 이해했나요? | ☆☆☆ |
| --- | --- |
| 정리 쏙쏙을 잘 맞혔나요? | ☆☆☆ |

정답 처음

# 웃는 낯에 침 뱉으랴.

좋게 대하는 사람에게 나쁘게 대할 수 없다.

어머니~~

뭔가 …
기분이 나쁜데
화를 못내겠네♪

계모 왕비는 자기보다 예쁜 백설공주가 너무 미웠어요. 백설공주는 왕비가 자신을 미워하는 것을 알지만 늘 웃는 얼굴로 친절하게 대했어요.

"웃는 낯에 침 뱉으랴. 내가 더 어머니를 사랑하고 공경한다면 마음이 바뀌실 거야."

## 1. 머리말  2. 포함하다  3. 기록하다  4. 제안하다

정답

# 떠오르다

기억을 되살리거나  이 나다.

| 교과서  | 자신의 경험을 떠올려 보세요. |
|---|---|
| 실생활 🕊 | 전학 간 지수의 얼굴이 떠오른다. |
| 비슷한 어휘 | 회상하다: 지난 일을 돌이켜 생각하다. |

# 판단하다

判 판단할 판  斷 끊을 단

어떤 일에 대해 판가름하여  하다.

| 교과서 🧠 | 의견이 적절한지 까닭을 생각해 보면 올바르게 판단할 수 있습니다. |
|---|---|
| 실생활 🧠 | 누구 말이 맞는지 선생님이 판단하실 거야. |
| 관련 어휘 | 판가름하다: 사실의 옳고 그름 등을 판단하여 가르다. |

정답
생각

# 본받다

本 근본 본

본보기로 하여  하다.

책을 열심히 읽는
누나를 본받아
나도 올해는 독서왕으로
거듭나겠어!!

| 교과서 쏙 | 내가 본받고 싶은 위인과 그 이유를 소개해 보세요. |
|---|---|
| 실생활 쏙 | 우리 부모님의 부지런함을 본받고 싶어. |
| 관련 어휘 | 본보기: 옳고 훌륭하여 배우고 따를 만한 대상 |

정답
결정

# 9월 13일

국어

# 출처

出 날 출 處 곳 처

사물이나 말이 나온

## 코끼리

포유류인 아시아코끼리, 아프리카코끼리를 통틀어 이르는 말.
뭍에 사는 동물 가운데 가장 큰 것으로,
살가죽은 두껍고 털이 거의 없으며 자유로이 움직일 수 있는
긴 코와 상아라고 하는 긴 앞니가 두 개 있다.

출처 : 네이버 어학사전
https://ko.dict.naver.com/#/entry/koko/

| 교과서 쏙 | 뒷받침 내용의 출처가 믿을 만한 곳인지를 살펴야 합니다. |
| 실생활 쏙 | 소문의 출처가 모호한걸? |
| 관련 어휘 | 근거: 어떤 일이나 의견의 근본, 또는 그 까닭 |

정답
따라

# 기울이다

정성이나 노력을 한쪽으로  다.

| 교과서 쏙 | 자신이 관심을 기울이는 일을 떠올려 보세요. |
|---|---|
| 실생활 쏙 | 이 작품은 제가 심혈을 기울여 만들었어요. |
| 비슷한 어휘 | 쏟다: 어떤 대상 또는 일에 마음이나 정신을 기울이다. |

정답 근거

# 9월 15일

정리 쏙쏙

## 이번 주 어휘

떠오르다, 판단하다, 본받다, 출처, 기울이다

☆ 이번 주 어휘를 보고 낱말 퍼즐을 채워 보세요.

| | | | (1) | | (2) |
|---|---|---|---|---|---|
| | | | | | |
| ① | | | | | |
| | | | | | |
| | ② | | | | |

| 가로 열쇠 | 세로 열쇠 |
|---|---|
| ① 어떤 일에 대해 판가름하여 결정하다. (4글자) | (1) 본보기로 하여 따라 하다. (3글자) |
| ② 정성이나 노력을 한쪽으로 모으다. (4글자) | (2) 사물이나 말이 나온 근거 (2글자) |

## 스스로 평가

| 이번 주 어휘의 뜻을 정확하게 이해했나요? | ☆☆☆ |
|---|---|
| 정리 쏙쏙을 잘 맞혔나요? | ☆☆☆ |

정답 모으(다.)

# 역지사지

易 바꿀 **역** 地 땅 **지** 思 생각할 **사** 之 어조사 **지**

## 상대방의 입장에서 생각하다.

역지사지를 생각하지 못한 내 잘못이야….

여우는 두근거리는 마음으로 두루미 집에 갔어요. 맛있는 음식 냄새를 맡으며 기대감은 더욱 커졌죠. 그러나 여우는 두루미가 준비한 음식을 하나도 먹을 수가 없었어요. 음식들이 모두 기다란 병에 담겨 있었기 때문이에요.

"내가 역지사지의 태도가 없었구나. 두루미가 기분 나빴겠다."

| | | | (1) 본 | | (2) 출 |
|---|---|---|---|---|---|
| | | | 받 | | 처 |
| ① 판 | 단 | 하 | 다 | | |
| | | | | | |
| | ② 기 | 울 | 이 | 다 | |

정답

# 약수

約 맺을 **약** 數 셈 **수**

어떤 수를   떨어지게 하는 수

12의 약수를 알아보세요.

12

1 X 12 = 12    1, 12

2 X 6 = 12    2, 6

3 X 4 = 12    3, 4

| 교과서 🧠 | 1은 모든 수의 약수입니다. |
| --- | --- |
| 실생활 🧠 | 배수와 달리 약수는 개수를 셀 수 있어. |
| 관련 어휘 | 배수: 어떤 수의 몇 배가 되는 수 |

# 대응

對 대할 대 應 응할 응

두 대상이 주어진 어떤 관계에 의하여  이 되는 일

고양이 수와 고양이 다리 수 사이의 대응 관계

| 고양이 수 | 1 | 2 | | 4 | |
|---|---|---|---|---|---|
| 고양이 다리 수 | 4 | | 12 | | 20 |

**교과서 쏙** 두 양 사이의 대응 관계를 식으로 나타낼 때 각 양을 ○, △, ♡와 같은 기호로 나타낼 수 있습니다.

**실생활 쏙** 실생활에서 서로 대응하는 두 양에는 무엇이 있을까?

**다른 뜻도 있어요** 대응: 어떤 일에 대해 태도나 행동을 취함.

정답 나누어

# 9월 19일

수학

# 둘레

사물이나 도형의 ㅌ ㄷ ㄹ 와 그 길이

## 다각형의 둘레

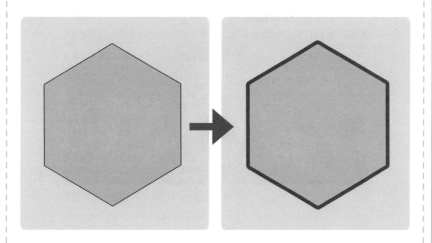

| 교과서 🧠 | 정다각형의 둘레를 구할 때는 정다각형의 성질을 활용합니다. |
|---|---|
| 실생활 🧠 | 우리 학교 둘레의 길이를 구해보는 건 어때? |
| 관련 어휘 | 원주: 원의 둘레 |

정답
짝

# 범위

範 법 범  圍 둘레 위

테두리가  진 구역

## 놀이 기구별 탑승 가능한 키의 범위

키 100cm 이상

키 150cm 이상

키 110cm 이상

키 100cm 이상 ~ 140cm 이하

| 교과서  | 수의 범위를 수직선 위에 나타내어 보세요. |
| --- | --- |
| 실생활 | 놀이 기구별로 탈 수 있는 키의 범위가 다르니 잘 봐야 해. |

| 개념 | | 그 수보다 큼 | 그 수보다 작음 |
| --- | --- | --- | --- |
| | 그 수를 포함 | 이상 | 이하 |
| | 그 수를 포함하지 않음 | 초과 | 미만 |

정답
테두리

# 반올림

半 반 **반**

구하려는 자리의 한 자리 아래 숫자가 4 이하면 버리고,
5 이상이면 윗자리에 1을 더하여 ⓞ ⓛ 하는 것

---

## 올려야 하는 수와 버려야 하는 수

| 올려야 하는 수 | 버려야 하는 수 |
|:---:|:---:|
| **5 6** <br> **7 8 9** | **1 2** <br> **3 4** |

| | |
|---|---|
| 교과서 🧠 | 문제를 읽고 올림, 버림, 반올림 중 어느 방법으로 어림해야 할지 이야기해 보세요. |
| 실생활 🧠 | 모든 문제에서 반올림하여 일의 자리까지 나타낸 원주율로 계산하라고 하면 좋겠다. |
| 관련 어휘 | 어림하다: 대강 짐작으로 헤아리다. |

정답
정해(진)

# 9월 22일

## 이번 주 어휘

## 약수, 대응, 둘레, 범위, 반올림

✿ 이번 주 어휘를 보고 그 뜻을 생각하며 관련 있는 문장과 이어 보세요.

| | |
|---|---|
| **둘레** | 사각형을 둘러싼 이 끈의 길이를 구해 보자. |
| **반올림** | 사과 9개가 있네. 거의 10개야! |
| **대응** | 만 13살 이상만 된다니! 초등학생은 안 된다? |
| **범위** | 책상마다 두 개의 가방 걸이가 있어. |

### 스스로 평가

| | |
|---|---|
| 이번 주 어휘의 뜻을 정확하게 이해했나요? | ☆☆☆ |
| 정리 쏙쏙을 잘 맞혔나요? | ☆☆☆ |

정답 어림

# 시치미 떼다.

자기가 해 놓고 모른 척하다.

우와!!
아이스크림이다!!
누구 것인지 모르지만
내가 먹어야지~.

내 아이스크림
누가 먹었어!!??

글쎄~.
누군진 몰라도 난 아니야~.

시치미 떼려면
입부터 닦고 시치미를 떼시지 그래…?

| 둘레 | ——————— |
| 반올림 | ——————— |
| 대응 | ✕ |
| 범위 | |

사각형을 둘러싼 이 끈의 길이를 구해 보자.

사과 9개가 있네. 거의 10개야!

만 13살 이상만 된다니! 초등학생은 안 된다?

책상마다 두 개의 가방 걸이가 있어.

정답

# 헌법

憲 법 **헌** 法 법 **법**

법 중에서 가장  가 되는 법, 우리나라 최고의 법

| | |
|---|---|
| 교과서 쏙 | 헌법에 따라 다른 여러 법이 만들어지고, 국가에서 하는 일은 헌법에 따라 이루어집니다. |
| 실생활 쏙 | 국민의 인권을 보장하기 위해 인권에 대한 내용이 헌법에 명시되어 있어. |
| 관련 어휘 | 법: 사람들이 강제적으로 지켜야 할 규칙 |

# 기본권

基 터 **기** 本 근본 **본** 權 저울추 **권**

국민의 기본적인  ㄱ ㄹ

| 교과서 쏙 | 헌법에는 모든 국민이 존엄을 가지고 행복하게 살아갈 수 있도록 기본권을 보장하고 있다. |
| --- | --- |
| 실생활 쏙 | 기본권에는 평등할 권리, 자유로울 권리, 정치에 참여할 권리 등이 포함되어 있어. |
| 관련 어휘 | 의무: 사람으로서 마땅히 해야 할 일<br>- 국민은 기본권을 누리는 동시에 의무를 다해야 한다. |

정답
기초

# 쇠퇴

衰 쇠할 **쇠**   退 물러날 **퇴**

상태나 세력이  해져 이전보다 못한 상태로 됨.

후퇴~~~ 캬!!

| 교과서 쏙 | 신라 왕조의 쇠퇴를 틈타 궁예 같은 영웅이 등장했다. |
|---|---|
| 실생활 쏙 | 나이가 들면 기억력이 쇠퇴한다. |
| 관련 어휘 | 감퇴: 기운이나 세력이 줄어 쇠퇴함. |

정답
권리

# 문물

文 글월 **문** 物 물건 **물**

학문, 예술, 경제, 기술 등   를 통틀어 이르는 말

| 교과서 쏙 | 청나라의 발달한 문물을 받아들여 백성의 삶을 풍요롭게 합시다. |
| --- | --- |
| 실생활 쏙 | 나도 직접 가서 뛰어난 서양 문물을 보고 싶어. |
| 개념 쏙 | 오늘날엔 주로 역사적 가치가 있는 물건을 문물이라 일컫는다. |

정답
약(해져)

# 신분

身 몸 신  分 나눌 분

개인의 사회적인 위치나

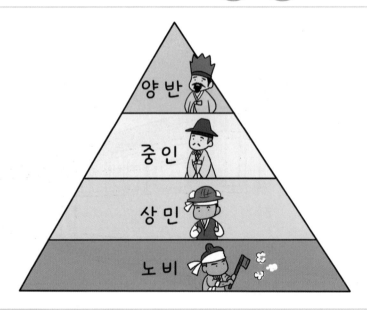

| 교과서 | 조선의 신분은 양반, 중인, 상민, 천민으로 구분됩니다. |
|---|---|
| 실생활 | 조선 시대에는 신분에 따라 입는 옷이나 하는 일들이 달랐어. |
| 관련 어휘 | 계급: 사회나 일정한 조직에서의 지위 |

정답
문화

# 9월 29일

## 이번 주 어휘

### 헌법, 기본권, 쇠퇴, 문물, 신분

☆ 이번 주 어휘를 보며 아래의 뜻을 표의 가로, 세로, 대각선에서 찾아보세요.

| 기 | 분 | 주 | 당 | 헌 |
|---|---|---|---|---|
| 지 | 문 | 수 | 이 | 법 |
| 쇠 | 교 | 물 | 방 | 호 |
| 퇴 | 양 | 권 | 신 | 분 |

· 개인의 사회적인 위치나 계급

· 학문, 예술, 경제, 기술 등 문화를 통틀어 이르는 말

· 상태나 세력이 약해져 이전보다 못한 상태로 됨.

· 법 중에서 가장 기초가 되는 법, 우리나라 최고의 법

### 스스로 평가

| 이번 주 어휘의 뜻을 정확하게 이해했나요? | ☆☆☆ |
|---|---|
| 정리 쏙쏙을 잘 맞혔나요? | ☆☆☆ |

정답
계급

# 원숭이도 나무에서 떨어진다.

### 능숙한 사람도 실수할 수 있다.

"형, 원숭이도 나무에서 떨어진다라는 말이 있잖아. 형이 실력 좋은 축구 선수인 건 변함이 없어."

시합에서 져 속상해 하고 있는 성현이의 어깨를 쓰다듬으며 성진이가 말했어요.

| | | | | 헌 |
| --- | --- | --- | --- | --- |
| | 문 | | | 법 |
| 쇠 | | 물 | | |
| 퇴 | | | 신 | 분 |

정답

# 용액

溶 녹을 **용** 液 진 **액**

두 가지 이상의 물질이 액체 상태로   있는 것

소금 + 물

= 소금물

| 교과서 🧠 | 설탕물, 소금물과 같은 물질을 용액이라고 합니다. |
| --- | --- |
| 실생활 🧠 | 용액인 소금물을 만들기 위해서는 소금이 완전히 녹을 때까지 유리막대로 저어야 해. |

| 개념 🧠 | | 뜻 | 예 |
| --- | --- | --- | --- |
| | 용질 | 녹는 물질 | 설탕, 소금 |
| | 용매 | 녹이는 물질 | 물 |

# 용해

溶 녹을 **용** 解 풀 **해**

한 물질이 다른 물질에 녹아  섞이는 현상

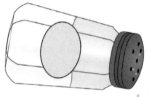

| 교과서 쏙 | 설탕이 물에 용해되면 없어지는 것이 아니라 매우 작아져 물과 섞이는 것입니다. |
|---|---|
| 실생활 쏙 | 소금물은 소금이 물에 용해되었기 때문에 어느 곳을 찍어 먹어도 똑같이 짠맛이 나네. |
| 비슷한 어휘 | 섞이다: 두 가지 이상의 것이 하나로 합쳐지다. |

정답
섞여

# 지시약

指 손가락 **지** 示 보일 **시** 藥 약 **약**

용액에 넣었을 때 색깔이 변해

용액의  을 확인할 수 있는 물질

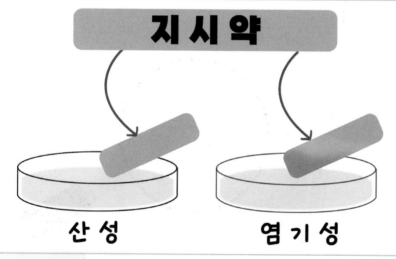

지시약

산성          염기성

| 교과서 쏙 | 지시약을 사용하면 용액을 산성 용액과 염기성 용액으로 분류할 수 있습니다. |
|---|---|
| 실생활 쏙 | 실생활에서 지시약으로 활용할 수 있는 천연 재료는 붉은 양배추즙, 포도 그리고 검은콩이야. |
| 개념 쏙 | 산성 용액 : 산도가 7보다 작은 용액<br>염기성 용액: 산도가 7보다 큰 용액 |

정답
골고루

# 10월 4일

# 응결

凝 엉길 **응** 結 맺을 **결**

기체인 수증기가 액체인  이 되는 현상

| | |
|---|---|
| 교과서 쏙 | 이슬, 안개, 구름은 공기 중의 수증기가 응결해 나타나는 현상입니다. |
| 실생활 쏙 | 유리창에 입김을 불면 뿌옇게 김이 서리는 것은 응결의 예야. |
| 관련 어휘 | 이슬점: 대기의 온도가 낮아져서 수증기가 응결하기 시작할 때의 온도 |

# 10월 5일

**과학**

# 연소

燃 탈 **연** 燒 불사를 **소**

물질이 산소를 만나 빛과 열을 내면서  현상

| 교과서 🧠 | 연소가 일어나면 빛과 열이 발생합니다. |
| --- | --- |
| 실생활 🧠 | 연소하기 위해선 산소, 탈물질, 발화점 이상의 온도의 세 조건이 충족되어야 해. |
| 개념 🧠 | 소화: 불을 끄는 것 |

정답
물

# 10월 6일

## 이번 주 어휘

### 용액, 용해, 지시약, 응결, 연소

☆ 이번 주 어휘를 보고 빈칸을 채워 보세요.

1. 용액의 성질을 확인하기 위해 (                    )을 활용해요.

2. (                )는 물질이 산소를 만나 빛과 열을 내면서 타는

   현상이에요.

3. 초코 우유를 만들기 위해 초코 가루를 우유에 (                    )

   시키는 중이야.

4. 뜨거운 물로 샤워를 했더니 천장에 물이 많이 (                    )

   되었습니다.

---

### 스스로 평가

| | |
|---|---|
| 이번 주 어휘의 뜻을 정확하게 이해했나요? | ☆☆☆ |
| 정리 쏙쏙을 잘 맞혔나요? | ☆☆☆ |

정답 타는

어휘 ➕

# 입이 무겁다.

말을 함부로 옮기지 않고 비밀을 잘 지킨다.

여러분~
오늘은 어떤 친구가
좋은 친구인지
생각해보는 시간을
가져볼 거예요.

**좋은 친구**

이야기를 들어주는 친구

함께 있으면 웃음이
나는 친구

비밀을 지킬 줄 아는 친구

자~ 그럼 이제
발표해 볼까요?

저는
입이 무거운 친구가 좋은 친구라고
생각합니다!
작은 비밀도 지켜주는 친구에게
믿음이 생기기 때문입니다.

1. 지시약   2. 연소   3. 용해   4. 응결

정답

# 전기문

傳 전할 **전** 記 기록할 **기** 文 글월 **문**

인물의  을 사실대로 기록한 글

**베토벤 전기문**

| 교과서 쏙 | 전기문 속 인물이 살던 시대와 현재를 비교해 보세요. |
|---|---|
| 실생활 쏙 | 열심히 노력해서 전기문에 나오는 사람이 되어야지! |
| 관련 어휘 | 업적: 어떤 일에 대한 훌륭한 결과 |

# 가치관

價 값 가 値 값 치 觀 볼 관

사람이 어떤 행동이나 일을 선택하고 실천하는 데
바탕이 되는 (ㅅ) (ㄱ)

책임감　인내　너그러워
화합　감사　존중
배려
사랑　협동　친절

| 교과서 쏙 | 인물의 가치관은 인물의 말과 행동을 통해 드러납니다. |
|---|---|
| 실생활 쏙 | 같은 상황이라도 가치관에 따라 다르게 행동하는군. |
| 관련 어휘 | 가치: 행복, 사랑, 책임 등 인간의 욕구나 관심의 대상 |

정답
삶

# 이루다

일정한 상태를  다.

오늘 공연에서
그 여가수와 피아노 소리는
조화가 잘 이루어졌던 것 같아.

| 교과서 쏙 | 삽화와 내용이 조화를 이루는 책을 함께 읽어 보세요. |
|---|---|
| 실생활 쏙 | 오늘 네 옷과 신발이 조화를 이뤄 참 멋지다! |
| 다른 뜻도 있어요 | 이루다<br>- 뜻한 대로 되게 하다.<br>- 부분을 모아 특정 성질이나 모양이 되게 하다. |

정답
생각

# 적절하다

適 맞을 적  切 끊을 절

꼭 알.

> 멋부리는 것도 좋지만 이런 날씨에 짧은 치마를 입는 것은 적절하지 못한 선택이었어;;

| 교과서 쏙 | 게시판의 글 중 가장 적절한 의견에 투표합니다. |
| --- | --- |
| 실생활 쏙 | 오늘의 영화는 우리가 보기에 적절했어. |
| 비슷한 어휘 | 알맞다: 일정한 기준에 넘치거나 모자라지 않다. |

정답
만들(다.)

# 요약하다

要 요긴할 **요** 約 맺을 **약**

말이나 글을  다.

신데렐라 이야기를
요약하면,
계모와 언니들에게
괴롭힘을 당하던 신데렐라가
왕자님을 만나
행복하게 산다는 거야!

| | | |
|---|---|---|
| 교과서  | 이야기에서 일어난 중요한 사건을 중심으로 요약합니다. |
| 실생활  | 시간이 없으니 오늘 회의 내용 요약해서 전달해 줄래? |
| 비슷한 어휘 | 간추리다: 중요한 것만 골라 간단하게 정리하다. |

정답
(알)맞다

# 10월 13일

## 이번 주 어휘

# 전기문, 가치관, 이루다, 적절하다, 요약하다

✿ 이번 주 어휘를 보고 그 뜻을 생각하며 관련 있는 문장과 이어 보세요.

| | |
|---|---|
| **전기문** | 선생님은 안전한 교실이 가장 중요하다고 생각해요. |
| **가치관** | 이 글을 읽으며 인물의 훌륭한 인성을 본받아야겠다고 느꼈어. |
| **적절하다** | 우리가 생각한 다섯 개 기준에 모두 맞아. |
| **요약하다** | 책 한 권을 한 장으로 정리하다니, 대단하다. |

### 스스로 평가

| | |
|---|---|
| 이번 주 어휘의 뜻을 정확하게 이해했나요? | ☆☆☆ |
| 정리 쏙쏙을 잘 맞혔나요? | ☆☆☆ |

# 입에 쓴 약이 병에는 좋다.

듣기 싫은 충고도 다 나에게 도움이 된다.

전! 노래하느라 바빠요. 잔소리하지 마세요!

엄마 말 좀 들어라….

흐응!!

"청개구리야, 엄마 말 들어. 입에 쓴 약이 병에는 좋단다."
엄마 개구리는 청개구리에게 항상 살아가는 데 필요한 지혜를 알려주었어요. 하지만 청개구리는
엄마의 이야기가 자신에게 도움이 된다는 것을 알면서도 듣기 싫어하고, 심지어는 반대로 행동했지요.

| | |
|---|---|
| 전기문 | 선생님은 안전한 교실이 가장 중요하다고 생각해요. |
| 가치관 | 이 글을 읽으며 훌륭한 인성을 본받아야겠다고 느꼈어. |
| 적절하다 | 우리가 생각한 다섯 개 기준에 모두 맞아. |
| 요약하다 | 책 한 권을 한 장으로 정리하다니, 대단하다. |

정답

# 10월 15일 (체육의 날)

# 공감

共 함께 공  感 느낄 감

다른 사람의  에 대해 자신도 그렇다고 느끼는 것

| | |
|---|---|
| 교과서 쏙 | 서로 공감하며 대화해 보세요. |
| 실생활 쏙 | 우정이가 잘못했다는 말에 나도 공감해. |
| 비슷한 어휘 | 동감: 어떤 의견에 같은 생각을 가짐.<br>동조: 다른 주장에 자신의 의견을 일치시킴. |

# 비교

比 견줄 비 較 견줄 교

둘 이상의 대상에서  점을 찾아 설명하는 방법

사과와 소화기는 둘 다 빨간색입니다.

| 교과서 쏙 | 여러 설명 방법 중에는 대상의 공통점을 찾아 설명하는 비교가 있습니다. |
|---|---|
| 실생활 쏙 | 다보탑과 석가탑을 비교해 보니 둘 다 돌로 만들어졌다는 것을 알 수 있었어. |
| 관련 어휘 | 대조: 둘 이상의 대상에서 차이점을 찾아 설명하는 방법 |

정답 생각

# 서술어

敍 차례 **서** 述 펼 **술** 語 말씀 **어**

문장에서 주어의 움, 상태, 성질을 뜻하는 말

수정이가 사과를 **먹는다.**

| 교과서 쏙 | 문장을 구성하는 성분에는 주어, 서술어, 목적어 등이 있습니다. |
|---|---|
| 실생활 쏙 | '나는 밥을 먹는다.'라는 문장에서 서술어는 '먹는다'야. |
| 관련 어휘 | 주어: 문장에서 동작이나 상태의 주체가 되는 말<br>목적어: 문장에서 동작의 대상이 되는 말 |

정답
공통

# 주장

主 임금 **주** 張 베풀 **장**

자신의  , 생각을 굳게 내세우는 것

| 교과서 쏙 | 글에서 글쓴이의 주장을 파악해 보세요. |
|---|---|
| 실생활 쏙 | 학교 안에서 스마트폰을 사용하는 것에 대한 너의 주장은 뭐야? 사용하기? 사용하지 말기? |
| 관련 어휘 | 근거: 주장을 뒷받침하는 내용 |

정답 (움)직임

# 10월 19일

# 토의

討 칠 **토** 議 의논할 **의**

어떤 문제를 해결하기 위해 여러 사람이 모여

  하는 것

| 교과서 쏙 | 우리 반에 있었던 문제를 떠올리며 토의 주제를 정해 보세요. |
|---|---|
| 실생활 쏙 | 오늘 가족회의에서는 이번 휴가 여행지를 어디로 할지에 대해 토의했어. |
| 비슷한 어휘 | 논의: 어떤 문제에 대하여 서로 의견을 내어 토의함. |

정답
의견

# 10월 20일

## 이번 주 어휘

### 공감, 비교, 서술어, 주장, 토의

☆ 이번 주 어휘를 보며 아래의 뜻을 표의 가로, 세로, 대각선에서 찾아보세요.

| 토 | 강 | 비 | 교 | 영 |
|---|---|---|---|---|
| 지 | 공 | 우 | 전 | 어 |
| 주 | 의 | 감 | 술 | 촌 |
| 장 | 혜 | 서 | 법 | 지 |

· 둘 이상의 대상에서 공통점을 찾아 설명하는 법

· 다른 사람의 생각에 대해 자신도 그렇다고 느끼는 것

· 문장에서 주어의 움직임, 상태, 성질을 뜻하는 말

· 자신의 의견, 생각을 굳게 내세우는 것

### 스스로 평가

| 이번 주 어휘의 뜻을 정확하게 이해했나요? | ☆☆☆ |
|---|---|
| 정리 쏙쏙을 잘 맞혔나요? | ☆☆☆ |

정답
의논

# 인과응보

因 인할 **인** 果 결과 **과** 應 응할 **응** 報 갚을 **보**

### 행한 대로 결실을 얻는다.

베짱이는 매일 열심히 일하는 개미를 보며 재미없게 산다는 생각을 했어요. 자기보다 큰 먹이를 옮기는 개미를 보며 혀를 찼죠. 시간이 흘러 추운 겨울이 왔고, 베짱이는 자신의 빈 집을 보며 후회했어요.

"인과응보라더니, 날이 좋을 때 놀았더니 이렇게 되었구나!"

| | | 비 | 교 | |
|---|---|---|---|---|
| | 공 | | | 어 |
| 주 | | 감 | 술 | |
| 장 | | 서 | | |

정답

# 합동

合 합할 **합** 同 한가지 **동**

모양과 크기가 같아 완전히  지는 두 도형

## 알림장과 노트북의 합동 관계

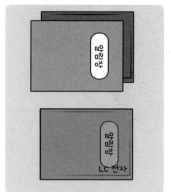

| 교과서  | 정사각형 종이를 잘라 서로 합동인 도형을 2개 만들어 보세요. |
|---|---|
| 실생활  | 선생님이 찍어주신 도장은 우리 모두 합동이네! |

| 개념  | 대응점 | 서로 합동인 두 도형을 포개었을 때 완전히 겹치는 점 |
|---|---|---|
| | 대응변 | 서로 합동인 두 도형을 포개었을 때 완전히 겹치는 변 |
| | 대응각 | 서로 합동인 두 도형을 포개었을 때 완전히 겹치는 각 |

# 대칭

對 대할 **대** 秤 저울 **칭**

점·선·면을 사이로 서로  거리에 마주 놓여 있음.

## 대칭을 활용하여 작품을 만들어 보세요.

| 교과서 쏙 | 반으로 접었을 때 대칭인 국기를 가진 나라를 떠올려 보세요. |
|---|---|
| 실생활 쏙 | 우리가 서 있는 원마커가 대칭이 되려면 네가 5cm 더 옆으로 가야 해. |

| 개념 쏙 | 선대칭 도형 | 한 직선을 따라 접었을 때 완전히 겹치는 도형 |
|---|---|---|
| | 점대칭 도형 | 어떤 점을 중심으로 180° 돌렸을 때 처음 도형과 완전히 겹치는 도형 |

정답
포개어

# 전개도

展 펼 전  開 열 개  圖 그림 도

입체 도형을 펼쳐   에 나타낸 그림

## 직육면체의 전개도

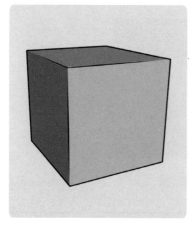

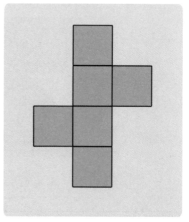

| 교과서 쏙 | 직육면체의 한 모서리를 잘라 전개도를 펼쳐 보세요. |
| --- | --- |
| 실생활 쏙 | 박스에 들어 있는 과자 먹고 이걸로 전개도 공부하자! |
| 관련 어휘 | 겨냥도: 입체 도형의 모습을 잘 알 수 있도록 나타낸 그림 |

정답 같은

# 평균

平 평평할 **평**　均 고를 **균**

각 자료의 값을 모두   ㅇ 자료의 수로 나눈 값

신발을 던진 거리의 평균을 구해 보세요.

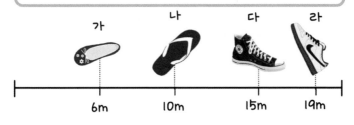

가　　나　　다　　라

6m　　10m　　15m　　19m

| 신발 | 가 | 나 | 다 | 라 | **평균** |
|------|-----|-----|-----|-----|--------|
| 거리 (m) | 6 | 10 | 15 | 19 | **12.5** |

| | |
|---|---|
| 교과서 쏙 | 평균은 자료의 특징을 알고 해석하는 데 도움이 됩니다. |
| 실생활 쏙 | 야호~. 수학을 100점 맞은 덕분에 평균이 올랐다! |
| 개념 쏙 | 여러 가지 평균 구하기 방법　자료 값의 합을 자료의 수로 나누기<br>평균 예상하여 수를 짝지어 자료의 값을 고르게 하기 |

정답
평면

# 가능성

可 옳을 **가** 能 능할 **능** 性 성품 **성**

어떠한 상황에 특정 일이 일어나길   하는 정도

### 공을 던져 빨간색을 맞힐 가능성은?

12개의 색 중 빨간색을 맞힐 가능성을 구해 봐!!

| 교과서 🧠 | 검은 바둑돌만 2개 들어 있는 주머니에서 흰 바둑돌을 꺼낼 가능성을 구하세요. |
|---|---|
| 실생활 🧠 | 동전의 앞면이 나올 가능성은 반반이야. 선택해. |

관련 어휘

| 가능성의 정도 | | | | | |
|---|---|---|---|---|---|
| 말로 표현 | 불가능하다 | ~이 아닐 것 같다 | 반반이다 | ~일 것 같다 | 확실하다 |
| 수로 표현 | 0 | | $\frac{1}{2}$ | | 1 |

정답 더하여

## 이번 주 어휘

## 합동, 대칭, 전개도, 평균, 가능성

☆ 이번 주 어휘를 보고 그 뜻을 생각하며 문제를 풀어 보세요.

5cm          5cm

1. 위 그림은 정육면체의 전개도입니다. ( O, X )

2. 정육면체는 여섯 개의 면이 (              )인 정사각형으로 이루어진 도형입니다.

3. 위 주사위를 굴렸을 때 7이 나올 가능성을 수와 말로 각각 표현해 보세요.

   (수로 표현:              말로 표현:              )

### 스스로 평가

| | |
|---|---|
| 이번 주 어휘의 뜻을 정확하게 이해했나요? | ☆☆☆ |
| 정리 쏙쏙을 잘 맞혔나요? | ☆☆☆ |

정답
기대

# 정신이 사납다.

어수선하다.

산책도 시켰고~,

밥도 챙겨 줬으니,

책이나 읽어 볼…. 못 읽겠네….
아우 정신 없어.

1. X  2. 합동  3. 수로 표현: ∅, 말로 표현: 불가능하다

정답

# 개항

開 열 개 港 항구 항

외국과 무역을 할 수 있게  를 개방함.

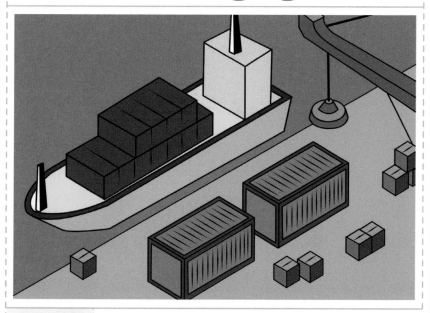

| 교과서 🧠 | 조선은 일본과 불평등 조약을 맺고 개항했습니다. |
|---|---|
| 실생활 🧠 | 조선은 개항 후 외국과 교류하며 새로운 문물을 받아들이게 되었어. |
| 소리가 같아요 | 개항: 비행기나 배의 항로를 새로 엶. |

# 민주주의

民 백성 **민** 主 임금 **주** 主 임금 **주** 義 옳을 **의**

국민이 나라의 ㅈ○ㅇ○ 이 되어
권리를 자유롭게 행사하는 정치 형태

| 교과서 쏙 | 민주주의 사회에서는 신분, 성별에 상관없이 누구나 모두 사회 공동의 문제를 해결하는 과정에 참여할 수 있습니다. |
|---|---|
| 실생활 쏙 | 민주주의 사회에서는 개인의 자유와 평등을 보장해. |
| 반대 어휘 | 군주주의: 왕이 어떤 간섭도 받지 않고 그 나라의 정치를 행하는 정치 형태 |

정답 항구

# 지방 자치제

地 땅 **지** 方 모 **방** 自 스스로 **자** 治 다스릴 **치** 制 지을 **제**

ㅈㅇ◯◯ 주민이 선출한 기관을 통하여

그 ㅈㅇ◯◯ 의 일을 처리하는 제도

**중앙 정부**

◇◇시 · **\*\*도** · △△광역시 · ㅁㅁ광역시 · ㅇㅇ구 · ☆☆시 · ㅇㅇ도

| | |
|---|---|
| 교과서 쏙 | 지방 자치제 실시 이후 우리 시의 문제에 대한 시민들의 관심이 커졌습니다. |
| 실생활 쏙 | 이번 지방 자치제 선거에서는 시장을 뽑아. |
| 관련 어휘 | 지방 의회: 지방 자치 단체의 주요 사항을 심의하고 결정하는 기관 |

정답 주인

# 권력 분립

權 저울추 **권** 力 힘 **력** 分 나눌 **분** 立 설 **립**

국가의 ㄱ◯ ㄹ◯ 을 나누어 ㄱ◯ ㄹ◯ 이 집중되지 않게 함.

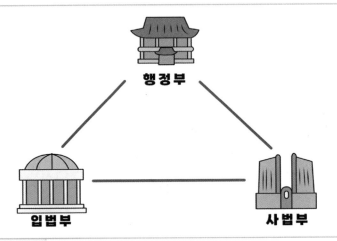

행정부

입법부　　　　　사법부

| | |
|---|---|
| 교과서 쏙 | 우리나라에서는 국회, 행정부, 법원이 국가 권력을 나누어 맡도록 하는데 이를 권력 분립이라고 합니다. |
| 실생활 쏙 | 권력 분립을 통해 국가 권력이 한쪽에 집중되는 독재를 막을 수 있어. |
| 개념 쏙 | 국회(입법부): 법을 만드는 곳<br>정부(행정부): 법에 따라 국가 살림을 하는 곳<br>법원(사법부): 법을 따라 사회 질서를 지키는 곳 |

정답 지역

# 국제기구

國 나라 **국** 際 사이 **제** 機 틀 **기** 構 얽을 **구**

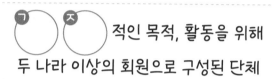 적인 목적, 활동을 위해
두 나라 이상의 회원으로 구성된 단체

| 교과서 쏙 | 많은 나라가 국제기구 활동에 참여하며 국가 간 협력이 필요한 문제를 해결하고자 노력한다. |
|---|---|
| 실생활 쏙 | 코로나19 같은 전 지구적 전염병을 관리하기 위해 국제기구인 세계보건기구(WHO)가 힘쓰고 있어. |
| 개념 쏙 | 국제기구 — 국제연합(UN), 경제개발협력기구(OECD), 국제연합교육과학문화기구(UNESCO) |

정답
권력

# 11월 3일 (학생독립운동 기념일)

 정리 쏙쏙

## 이번 주 어휘

# 개항, 민주주의, 지방 자치제, 권력 분립, 국제기구

✿ 이번 주 어휘를 보고 그 뜻을 생각하며 관련 있는 문장과 이어 보세요.

| 민주주의 | | 국회, 정부, 법원 |
|---|---|---|
| 지방 자치제 | | 국제연합, 세계보건기구 |
| 권력 분립 | | 선출은 국민의 손으로! |
| 국제기구 | | 우리 지역의 문제는 우리가 해결! |

## 스스로 평가

| 이번 주 어휘의 뜻을 정확하게 이해했나요? | ★★☆ |
|---|---|
| 정리 쏙쏙을 잘 맞혔나요? | ★★☆ |

 정답 국제

# 작은 고추가 맵다.

겉모습만 보고 판단해서는 안 된다.

## 강감찬 장군

"귀주대첩을 승리로 이끈 고려의 강감찬 장군의 키는 151cm였답니다."

수업을 듣고 있던 학생들의 눈이 커졌어요. 콩 중에서도 작은 '녹두'를 붙여 '녹두장군'이라고 별명이 지어졌다는 이야기엔 다들 미소가 지어졌죠.

"작은 고추가 맵다는 말이 장군님한테 딱 맞네!"

| | |
|---|---|
| 민주주의 | 국회, 정부, 법원 |
| 지방 자치제 | 국제연합, 세계보건기구 |
| 권력 분립 | 선출은 국민의 손으로! |
| 국제기구 | 우리 지역의 문제는 우리가 해결! |

정답

# 생태계

生 날 **생** 態 모양 **태** 系 이을 **계**

어떤 장소에서 서로 영향을 주고받는

생물과 생물 주변의

| | |
|---|---|
| 교과서 쏙 | 지구에는 다양한 종류의 생태계가 있습니다. |
| 실생활 쏙 | 우리 모두 생태계 보전을 위해 노력해야 해. |
| 개념 쏙 | 생물: 생명이 있는 것 |

# 먹이그물

그물처럼 복잡하게 얽힌 생물 사이의  관계

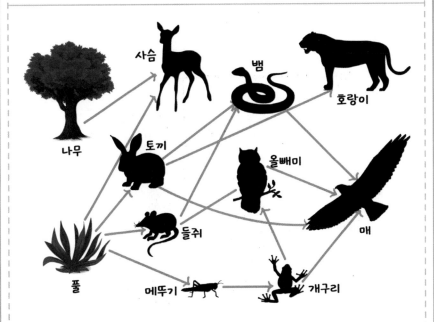

사슴 · 뱀 · 호랑이 · 나무 · 토끼 · 올빼미 · 매 · 들쥐 · 풀 · 메뚜기 · 개구리

| 교과서 쏙 | 먹이그물이 복잡하면 생물이 쉽게 멸종되지 않습니다. |
| 실생활 쏙 | 먹이그물을 보니 먹이 관계가 복잡하구나. |
| 개념 쏙 | 먹이그물로 한 종류의 먹이가 부족해도 다른 먹이를 먹고 살 수 있어 생존에 유리하다. |

정답
환경

# 세포

細 가늘 **세** 胞 태보 **포**

생물을 이루는  단위

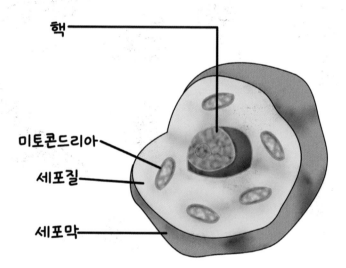

핵

미토콘드리아

세포질

세포막

| 교과서 쏙 | 모든 생물은 세포로 이루어져 있습니다. |
|---|---|
| 실생활 쏙 | 달걀이 하나의 세포라니, 신기하다! |
| 개념 쏙 | 핵: 세포 내 기관 중 핵심 기관 |

정답
먹이

# 꽃가루받이

 를 만들기 위해 수술의 꽃가루를 암술로 옮기는 것

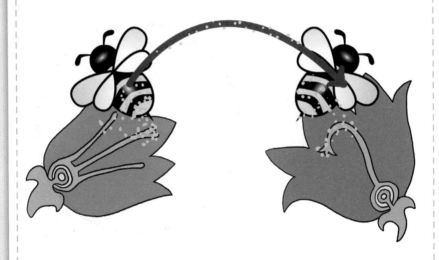

| 교과서 쏙 | 꽃가루받이는 물, 바람, 새, 곤충 등 다양한 방법으로 이루어집니다. |
|---|---|
| 실생활 쏙 | 꽃가루받이를 돕는 꿀벌을 보호해야 해! |
| 관련 어휘 | 수분: 꽃가루받이의 한자어 |

정답
기본

# 증산 작용

蒸 찔 **증**  散 흩을 **산**  作 지을 **작**  用 쓸 **용**

식물 안의  이 수증기가 되어 공기 중으로 나옴.

| 교과서 쏙 | 잎의 유무에 따라 물방울 맺힘 여부가 달라진 실험을 통해 식물의 증산 작용을 알아보았습니다. |
|---|---|
| 실생활 쏙 | 햇빛이 강하면 증발이 잘 일어나니 맑은 날 증산 작용이 잘 일어나겠다. |
| 개념 쏙 | 기공: 식물의 잎이나 줄기의 겉껍질에 있는, 숨쉬기와 증산 작용을 하는 구멍 |

정답 씨

# 11월 10일

## 이번 주 어휘

# 생태계, 먹이그물, 세포, 꽃가루받이, 증산 작용

✿ 이번 주 어휘를 생각하며 사다리타기를 해 보세요.

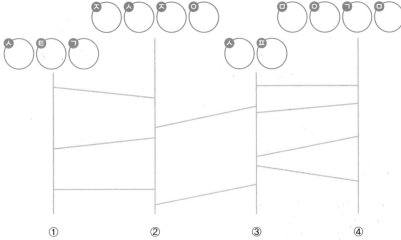

| ① | ② | ③ | ④ |
|---|---|---|---|
| 식물 안의 수분이 수증기가 되어 공기 중으로 나옴 | 생물을 이루는 기본 단위 | 그물처럼 복잡하게 얽힌 생물 사이의 먹이 관계 | 어떤 장소에서 서로 영향을 주고받는 생물과 생물 주변의 환경 |

### 스스로 평가

| 이번 주 어휘의 뜻을 정확하게 이해했나요? | ☆☆☆ |
|---|---|
| 정리 쏙쏙을 잘 맞혔나요? | ☆☆☆ |

정답
수분

# 호흡이 맞다.

서로의 생각과 의향이 맞다.

# 기행문

紀 벼리 **기** 行 다닐 **행** 文 글월 **문**

여행하면서 보고 , 느낀 것을 적은 글

| 교과서 쏙 | 기행문을 쓸 때는 여정, 견문, 감상이 드러나게 써야 합니다. |
|---|---|
| 실생활 쏙 | 기행문을 썼더니 여행이 기억에 더 잘 남아. |
| 개념 쏙 | 여정: 여행의 과정과 일정<br>견문: 여행하며 보거나 들은 것<br>감상: 여행하며 든 생각이나 느낌 |

# 조정하다

調 고를 **조**  停 머무를 **정**

의견이 다를 때 서로  할 수 있는 지점을 찾는 것

| | |
|---|---|
| 교과서  | 의견을 조정하기 위해서는 친구의 의견과 발언에 집중해야 합니다. |
| 실생활  | 오늘 학급 회의에서는 의견이 하나로 모이지 않아 의견 조정이 오래 걸렸다. |
| 관련 어휘 | 타협하다: 어떤 일을 서로 양보하여 협의함. |

정답 듣고

# 두둔하다

爪 말 **두** 頓 조아릴 **돈**

잘못을 감싸주거나  을 들어주다.

| 교과서 쏙 | 영서가 올린 글을 읽은 아이들은 저마다 의견을 내놓았는데, 그중에는 영서를 두둔하는 의견도 있었다. |
|---|---|
| 실생활 쏙 | 아이가 잘못해도 계속 두둔만 하면 바르게 클 수 없다. |
| 관련 어휘 | 변호하다: 남의 이익을 위하여 변명하고 감싸서 도와주다. |

정답
이해

# 얼토당토않다

전 ㅎ 맞지 않고, 관계조차도 없다.

| 교과서 쏙 | 지우가 근거도 없이 얼토당토않은 글을 올리지는 않았을 것입니다. |
|---|---|
| 실생활 쏙 | 온유가 그렇게 얼토당토않은 말에 넘어가겠니? |
| 관련 어휘 | 터무니없다: 전혀 근거가 없어 황당하다. |

정답 편

# 타당하다

夯 온당할 **타** 當 마땅 **당**

어떤 것의 이치로 보아   .

| | |
|---|---|
| 교과서 쏙 | 글을 읽고 근거 자료의 타당성을 평가해 보세요. |
| 실생활 쏙 | 민아의 주장은 실제로 하기 어렵기 때문에 타당하지 않아. |
| 관련 어휘 | 마땅하다: 어떤 행동이나 물건이 일정한 조건에 알맞다. |

정답
(전)혀

# 11월 17일 <small>(순국선열의 날)</small>

## 이번 주 어휘

### 기행문, 조정하다, 두둔하다, 얼토당토않다, 타당하다

---

✿ 이번 주 어휘를 보고 사다리를 타고 내려간 곳에 알맞은 어휘를 생각해 보세요.

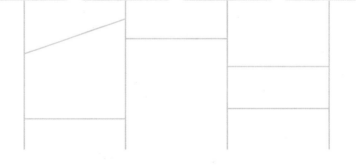

| 너 지금 혜수 편드는 거야? | 둘이 싸우지 말고 의견을 ○○해 봐. | 너의 주장에 ○○한 근거를 말해 줘. | 그건 말도 안 돼! ○○○○○○! |
|---|---|---|---|

1.　　　　　2.　　　　　3.　　　　　4.

---

### 스스로 평가

| 이번 주 어휘의 뜻을 정확하게 이해했나요? | ☆☆☆ |
|---|---|
| 정리 쏙쏙을 잘 맞혔나요? | ☆☆☆ |

정답 옳다

# 쥐구멍에도 볕 들 날 있다.

## 아무리 힘들어도 좋은 날은 온다.

미운 오리 새끼는 너무나 슬펐어요. 오리 무리에서도 따돌림을 당해 이 집으로 도망쳤는데 여기서도 괴롭힘을 당하다니. 속상한 마음에 집을 나온 미운 오리 새끼는 시간이 가는 줄 모르고 계속 걸었어요. 우연히 도착한 강가에서 미운 오리 새끼는 자신의 모습을 보고 매우 놀랐답니다.

"쥐구멍에도 볕 들 날 있다더니 내가 아름다운 백조였구나!"

## 1. 타당   2. 조정   3. 두둔하다   4. 얼토당토않다

정답

# 면담

面 낯 면　談 말씀 담

서로 ◯(ㅁ)◯(ㄴ)서 얼굴을 보고 이야기함.

| | |
|---|---|
| 교과서 쏙 | 어제 생태 전문가와 면담한 결과, "지구온난화로 인한 생태계 파괴가 생각보다 빠르게 진행되고 있다."며 우려를 나타냈습니다. |
| 실생활 쏙 | 오늘 선생님하고 단독 면담이 있는데 혼이 날까 봐 걱정된다. |
| 비슷한 어휘 | 대담: 마주 대하고 말함. |

# 걸림돌

일을 해 나가는 중에 잘 못하게 하는

 ㅈ ○ ○ ○ ㅁ 을 비유적으로 이르는 말

| 교과서 쏙 | 우리의 건강에 큰 걸림돌은 설탕입니다. |
| --- | --- |
| 실생활 쏙 | 자꾸 아이돌 노래가 머릿속에 떠올라서 공부를 못 하겠어. 이 노래는 공부에 걸림돌이야. |
| 비슷한 어휘 | 장벽: 일을 순조롭지 못하게 가로막는 장애물 |

정답
만나

# 운율

韻 운 운  律 법칙 율(률)

시에서 느껴지는 말의 가락,

| | |
|---|---|
| 교과서 쏙 | 운율에 맞추어 시를 낭송해 보세요. |
| 실생활 쏙 | 같은 말을 반복하면 운율이 잘 느껴져. |
| 개념 쏙 | 운율 예시:   하늘에서 눈이 펑펑<br>놀고 싶은 내 마음도 퐁퐁<br>강아지도 놀고 싶어 왈왈 |

정답
장애물

# 연설

演 펼 연 說 말씀 설

여러  앞에서 자기의 의견을 이야기함.

| 교과서 쏙 | 연설할 때는 여러 사람 앞에서 말하므로 높임 표현을 써야 합니다. |
| 실생활 쏙 | 내일 학교에서 연설해야 하는데, 많이 떨린다. |
| 비슷한 어휘 | 강연: 일정한 주제에 대하여 청중 앞에서 강의하는 것 |

정답
리듬

# 이롭다

利 이로울 **이**

어떠한 것에  이 있다.

| 교과서 **쪽** | 전통 음식은 건강에 이롭습니다. |
| --- | --- |
| 실생활 **쪽** | 나 먼저 분리수거를 열심히 하면 사람들이 함께하며 우리 모두를 이롭게 할 거야. |
| 반대 어휘 | 해롭다: 어떠한 것에 해가 되는 점이 있다. |

정답
사람

# 11월 24일

## 이번 주 어휘

# 면담, 걸림돌, 운율, 연설, 이롭다
(이로운)

☆ 이번 주 어휘를 보고 빈칸을 채워 보세요.

1. 오늘 혜지가 (                    )을 얼마나 잘하던지 나도 설득당했어.

2. 달리기 시합이 있는데 무릎을 다치다니···.

   큰 (                )이다.

3. 우리 사이에 해결해야 할 문제가 있지.

   이리 와. (                ) 좀 하자.

4. 건강을 신경 쓰는 지혜는 몸에 (                )것만 골라 먹는다.

5. 시는 (                )이 있어 리듬감이 느껴져.

| 스스로 평가 | |
|---|---|
| 이번 주 어휘의 뜻을 정확하게 이해했나요? | ☆☆☆ |
| 정리 쏙쏙을 잘 맞혔나요? | ☆☆☆ |

정답 이익

# 동고동락

同 함께 동  苦 쓸 고  同 함께 동  樂 즐길 락

## 괴로움도 즐거움도 함께하다.

"자, 이제 1년 동안 함께했던 친구들에게 돌아가며 한마디씩 이야기해 볼까요?"

"우리 동고동락하며 많은 추억을 쌓았는데 이제 헤어진다니 아쉬워."

"1년 동안 정말 고마웠어."

정답

1. 연설   2. 걸림돌   3. 면담   4. 이로운   5. 운율

# 비

比 견줄 비

두 수를  으로 비교한 것

5 대 3
5와 3의 비
5의 3에 대한 비
3에 대한 5의 비

**5:3**

| 교과서  | 여러분의 용돈에 대한 저축한 금액의 비를 공책에 적어 보세요. |
| --- | --- |
| 실생활  | 환상의 꿀물을 위한 물 양과 꿀 양의 비를 연구하는 중이야. |
| 개념  | 비율 | 기준량에 대한 비교하는 양의 비 |
| | 백분율(%) | 기준량을 100으로 할 때의 비율 |

# 부피

어떤 물건이  에서 차지하는 크기

조각 케이크가
늘어난 만큼
부피도 2배, 3배 늘어나.

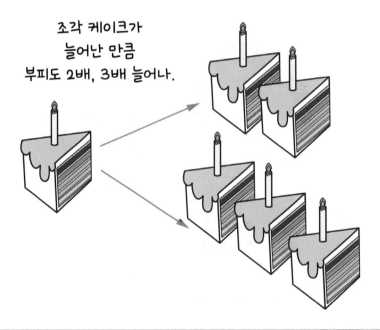

| 교과서 쏙 | 크기가 같은 쌓기나무를 사용하여 두 직육면체의 부피를 비교해 보세요. |
| --- | --- |
| 실생활 쏙 | 패딩이 부피가 커서 가방에 안 들어가! |
| 개념 쏙 | 부피의 단위: ㎤, ㎥ 등 |

# 겉넓이

입체 도형   의 넓이

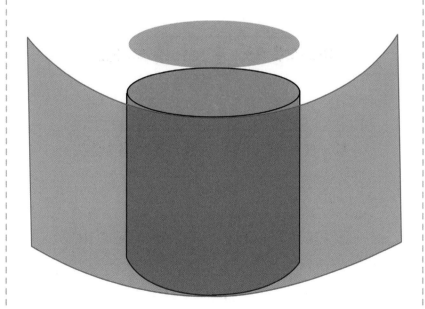

| | |
|---|---|
| 교과서 🚀 | 합동인 면이 3쌍인 성질을 이용하여 직육면체의 겉넓이를 구해 보세요. |
| 실생활 🚀 | 자원 낭비를 최소화하기 위해 선물을 포장하기 전 상자의 겉넓이를 구해야지. |
| 개념 🚀 | 겉넓이를 구하려면 밑면의 넓이와 옆면의 넓이를 알아야 한다. |

정답 공간

# 11월 29일

**수학**

# 비례식

比 견줄 **비** 例 법식 **례** 式 법식

 이 같은 두 비를 등호(=)를 사용하여 나타낸 식

---

### 비례식을 찾아 동그라미를 치세요.

| | |
|---|---|
| 5 : 7 = 8 : 9 | 2 : 5 = 8 : 20 |
| 3 : 11 = 6 : 22 | 5 : 3 = 12 : 18 |

---

| 교과서  | 주어진 비를 이용하여 비례식을 세워 보세요. |
|---|---|
| 실생활  | 2인분에 밥 400g이라는데…. 비례식을 세워 우리 가족 수에 맞는 밥의 양을 준비해야겠다! |
| 관련 어휘 | 비례: 한쪽의 양이나 수가 증가하는 만큼 다른 쪽의 양이나 수도 증가함. |

정답
겉면

# 원주율

圓 둥글 **원** 周 두루 **주** 率 비율 **율**

원의 지름에 대한 의 비율

3.141592653589
7932384626433832
79502884197169399375
10582097494459230781640628
620899862803482534211706798214480865132

．
．
．

| | |
|---|---|
| 교과서 쏙 | 원주율은 원의 크기와 상관없이 항상 일정합니다. |
| 실생활 쏙 | 내년 3월 14일에 누가 원주율을 더 많이 외웠는지 시합하자! |
| 개념 쏙 | 근삿값: 어떤 수 대신에 사용하는 그 수에 가까운 수<br>예) 원주율의 근삿값: 3, 3.1, 3.14 |

정답
비율

# 12월 1일

## 이번 주 어휘

### 비, 부피, 겉넓이, 비례식, 원주율

✿ 이번 주 어휘를 보며 아래의 뜻을 표의 가로, 세로, 대각선에서 찾아보세요.

| 비 | 엽 | 피 | 래 | 겉 |
|---|---|---|---|---|
| 례 | 부 | 선 | 박 | 넓 |
| 식 | 참 | 리 | 미 | 이 |
| 나 | 원 | 주 | 율 | 강 |

· 비율이 같은 두 비를 등호(=)를 사용하여 나타낸 식

· 어떤 물건이 공간에서 차지하는 크기

· 원의 지름에 대한 원주의 비율

· 입체 도형 겉면의 넓이

### 스스로 평가

| 이번 주 어휘의 뜻을 정확하게 이해했나요? | ☆☆☆ |
|---|---|
| 정리 쏙쏙을 잘 맞혔나요? | ☆☆☆ |

정답 원주

# 하늘의 별 따기

## 성취하기 매우 어려운 일

| 비 | | 피 | | 겉 |
|---|---|---|---|---|
| 례 | 부 | | | 넓 |
| 식 | | | | 이 |
| | 원 | 주 | 율 | |

# 가계

家 집 **가** 計 셀 **계**

 살림(생산, 소비)을 같이하는 공동체

| 교과서 | 가계는 소득이 한정되어 있으므로 물건을 구매할 때 합리적으로 선택해야 합니다. |
|---|---|
| 실생활 | 가계는 물건과 서비스를 구매해. |
| 관련 어휘 | 가정: 혈연관계에 있는 사람들의 생활 공동체 |

# 12월 4일

# 기업

企 꾀할 기 業 업 업

 을 얻을 목적으로 생산 활동을 하는 조직

**교과서 쏙** 기업은 사람들이 생활하는 데 필요한 물건을 만들거나 서비스를 제공해 이익을 얻습니다.

**실생활 쏙** 기업은 사람들에게 일자리를 제공해.

**개념 쏙** 이윤: 장사를 하여 남은 돈

# 12월 5일 (무역의 날)

**사회**

# 무역

貿 무역할 **무** 易 바꿀 **역**

두 지역 사이에 서로 물건과 기술을 ⓢ◯ ⓖ◯ 파는 일

**교과서 쏙**
옛날에는 구하기 어려웠던 다른 나라 물건이 무역이 활발해지면서 쉽게 구할 수 있게 되었습니다.

**실생활 쏙**
우리나라는 석유나 광물자원 등이 부족해서 무역을 통해 얻어.

**개념 쏙**
수입: 다른 나라의 상품, 기술을 사는 일
수출: 우리나라의 상품, 기술을 외국에 파는 일

정답
이익

# 대륙

大 클 **대** 陸 뭍 **륙**

바다로 둘러싸인 커다란

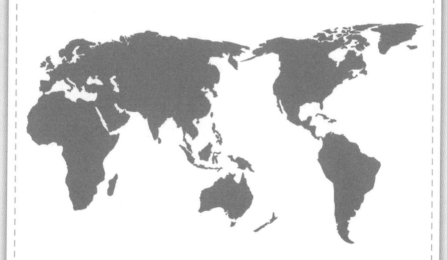

| 교과서 🧠 | 대륙은 바다나 산맥 등을 기준으로 나눕니다. |
| --- | --- |
| 실생활 🧠 | 6대륙 중 가장 큰 대륙은 아시아야. |

| 개념 🧠 | 6대륙 | 유럽 | 아시아 | 북아메리카 |
| --- | --- | --- | --- | --- |
| | | 아프리카 | 오세아니아 | 남아메리카 |

정답
사고

# 대양

大 클 대 洋 큰 바다 양

세계의  가운데 넓은

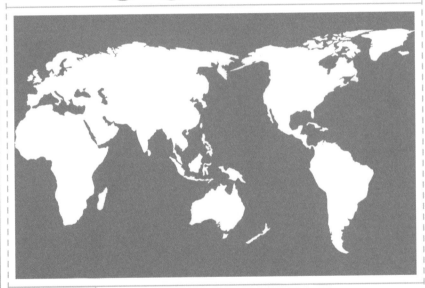

| 교과서  | 세계 지도와 지구본을 보고 대륙과 대양의 위치를 찾아보세요. |
| --- | --- |
| 실생활 쏙 | 5대양 중 가장 큰 대양은 태평양이야. |

| 개념 쏙 | 5대양 | 태평양 | 대서양 | 인도양 |
| --- | --- | --- | --- | --- |
| | | 북극해 | | 남극해 |

정답 유지

# 12월 8일

## 이번 주 어휘

## 가계, 기업, 무역, 대륙, 대양

✿ 이번 주 어휘를 보고 사다리를 타고 내려간 곳에 알맞은 어휘를 생각해 보세요.

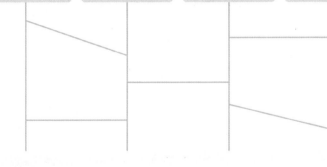

| 가정 살림을 같이하는 공동체 | 태평양, 대서양, 인도양… | 북아메리카, 남아메리카, 유럽… | 이익을 목적으로 생산 활동을 하는 조직 |

1.          2.          3.          4.

---

### 스스로 평가

| 이번 주 어휘의 뜻을 정확하게 이해했나요? | ☆☆☆ |
|---|---|
| 정리 쏙쏙을 잘 맞혔나요? | ☆☆☆ |

정답
바다

# 천 리 길도
# 한 걸음부터

## 일의 시작이 중요하다.

"신데렐라야, 울지 마렴. 내가 있잖니."

파티에 참석하지 못해 실망한 신데렐라 앞에 요정이 나타났어요.

"천 리 길도 한 걸음부터. 우리 무엇이 필요한지 한번 보자."

요정은 요술을 부려 호박을 마차로, 쥐들을 말과 마부로 바꾼 후에 신데렐라에게 멋진 드레스를 입혀 주었어요.

## 1. 기업   2. 대양   3.대륙   4.가계

정답

# 천체

天 하늘 **천** 體 몸 **체**

에 존재하는 모든 물체

| | |
|---|---|
| 교과서 **쏙** | 천체 관측 프로그램으로 밤하늘의 별을 관측해 보세요. |
| 실생활 **쏙** | 별은 스스로 빛을 내는 천체야. |
| 개념 **쏙** | 행성: 지구와 같이 태양 주위를 도는 천체 |

# 습도

濕 축축할 **습**　度 법도 **도**

공기에   가 포함된 정도

실내 습도 55%

| | | |
|---|---|---|
| **교과서 쏙** | 우리나라는 봄과 가을에 습도가 낮아 산불을 조심해야 합니다. | |
| **실생활 쏙** | 습도가 높아 과자가 눅눅해졌어. | |
| **개념 쏙** | 건습구 온도계: 공기 중의 습도를 측정하는 데 사용하는 온도계 | |

정답
우주

# 기압

氣 기운 **기** 壓 누를 **압**

공기의 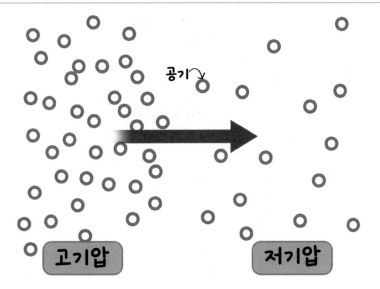 로 인해 나타나는 압력

**고기압**

공기 ↘

**저기압**

| 교과서 쏙 | 공기는 고기압이 저기압으로 이동합니다. |
| --- | --- |
| 실생활 쏙 | 바람이 기압 차로 발생하는 거 알고 있어? |
| 개념 쏙 | 고기압: 주위보다 기압이 높은 곳<br>저기압: 주위보다 기압이 낮은 곳 |

정답
수증기

# 자전

自 스스로 **자** 轉 구를 **전**

천체가 자기 자신을 중심으로  하는 운동

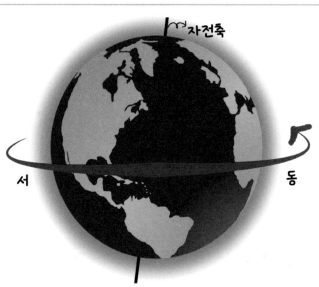

자전축

서　　　　　　　　　　　　동

| | |
|---|---|
| 교과서 쏙 | 지구가 자전하여 낮과 밤이 주기적으로 바뀝니다. |
| 실생활 쏙 | 지구가 서에서 동으로 자전하므로 태양은 동에서 서로 움직이는 것 같이 보여. |
| 개념 쏙 | 공전: 다른 천체의 둘레를 주기적으로 도는 일, 지구는 태양 주위를 공전한다. |

정답
무게

# 태양 고도

太 클 **태** 陽 볕 **양** 高 높을 **고** 度 정도 **도**

태양이 지표면과 이루는

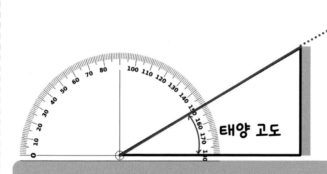

**태양**

**태양 고도**

| | |
|---|---|
| **교과서 쏙** | 하루 동안 태양 고도, 그림자의 길이, 기온을 측정해 보세요. |
| **실생활 쏙** | 태양 고도가 가장 높은 계절은 여름이구나. |
| **개념 쏙** | 태양의 남중 고도: 하루 중 태양이 정남쪽에 위치할 때의 태양 고도 |

정답
회전

# 12월 15일

## 이번 주 어휘

천체, 습도, 기압, 자전, 태양 고도

☆ 이번 주 어휘를 보며 아래의 뜻을 표의 가로, 세로, 대각선에서 찾아보세요.

| 천 | 체 | 라 | 도 | 코 |
|---|---|---|---|---|
| 체 | 영 | 습 | 회 | 기 |
| 자 | 유 | 솔 | 낮 | 압 |
| 홍 | 전 | 전 | 육 | 차 |

· 우주에 존재하는 모든 물체

· 공기에 수증기가 포함된 정도

· 공기의 무게로 인해 나타나는 압력

· 천체가 자기 자신을 중심으로 회전하는 운동

## 스스로 평가

| 이번 주 어휘의 뜻을 정확하게 이해했나요? | ☆☆☆ |
|---|---|
| 정리 쏙쏙을 잘 맞혔나요? | ☆☆☆ |

정답
각

# 12월 16일 어휘 ➕

# 하루에도 열두 번

매우 자주

| 천 | 체 |   |   | 도 |   |
|---|---|---|---|---|---|
|   |   |   | 습 |   | 기 |
| 자 |   |   |   |   | 압 |
|   | 전 |   |   |   |   |

정답

# 모호하다

模 본뜰 모　糊 풀칠할 호

말이나 태도가 흐리터분하여  하지 않다.

| | |
|---|---|
| 교과서 쏙 | 자신의 의견을 정확하게 표현하는 글에서는 모호한 표현을 쓰지 않아야 합니다. |
| 실생활 쏙 | 그 소문의 출처가 모호해. 도대체 누가 퍼트린 거야? |
| 비슷한 어휘 | 애매하다: 희미하여 분명하지 아니하다. |

# 단정적

斷 끊을 **단** 定 정할 **정**

딱 잘라서 판단하고  하는 것

아니!!!!

| | |
|---|---|
| 교과서 쏙 | '반드시', '절대로', '결코'는 단정적인 표현으로 조심해서 써야 합니다. |
| 실생활 쏙 | 지후가 그 소문이 사실이 아니라고 단정적으로 말했어. |
| 비슷한 어휘 | 결정적: 일이 되어가는 상황이 바뀔 수 없을 만큼 확실한 것 |

정답
분명

# 견주다

둘 이상의 사물이 어떤 ㅊ ㅇ 가 있는지 알기 위해 서로 대어 보다.

| 교과서 쏙 | 내가 쓴 시와 짝꿍이 쓴 시를 견주어 보며 서로 잘한 점을 칭찬해 보세요. |
| --- | --- |
| 실생활 쏙 | 누가 더 키가 큰지 견주어 보자. |
| 비슷한 어휘 | 가늠하다: 대상을 어림잡아 헤아리다. |

정답
결정

# 12월 20일

# 관점

觀 볼 관  點 점 점

사물이나 상황을  할 때,

그 사람이 보고 생각하는 태도, 방향

| 교과서 쏙 | 책 내용은 글쓴이의 관점이 반영된 것입니다. 책과 반대의 관점도 있을 수 있기 때문에 항상 질문하며 읽어야 합니다. |
|---|---|
| 실생활 쏙 | 너는 찬성인데 반대의 관점인 자료를 가져오면 어떡해! 관점이 다르잖아! |
| 비슷한 어휘 | 시각: 사물을 관찰하고 파악하는 기본적인 자세 |

정답 차이

# 12월 21일

# 논설문

論 논할 **논** 說 말씀 **설** 文 글월 **문**

어떤 주제에 관하여

자기의 생각이나  을 체계적으로 밝혀 쓴 글

| 교과서 쏙 | 타당한 근거과 알맞은 자료를 활용해 논설문을 써 보세요. |
| --- | --- |
| 실생활 쏙 | 논설문에는 너의 주장이 잘 드러나야 해. |
| 비슷한 어휘 | 논하다: 의견이나 주장을 조리 있게 말하다. |

정답
관찰

## 이번 주 어휘

# 모호하다, 단정적, 견주다, 관점, 논설문

✿ 이번 주 어휘를 보며 아래의 뜻을 표의 가로, 세로, 대각선에서 찾아보세요.

| 모 | 단 | 정 | 적 | 서 |
|---|---|---|---|---|
| 견 | 하 | 후 | 지 | 문 |
| 주 | 군 | 주 | 설 | 체 |
| 다 | 게 | 논 | 관 | 점 |

· 둘 이상의 사물이 어떤 차이가 있는지 알기 위해 서로 대어 보다.

· 딱 잘라서 판단하고 결정하는 것

· 어떤 주제에 관하여 자기의 생각이나 주장을 체계적으로 밝혀 쓴 글

· 사물이나 상황을 관찰할 때, 그 사람이 보고 생각하는 태도, 방향

### 스스로 평가

| 이번 주 어휘의 뜻을 정확하게 이해했나요? | ☆☆☆ |
|---|---|
| 정리 쏙쏙을 잘 맞혔나요? | ☆☆☆ |

# 티끌 모아 태산

## 작은 것이라도 모이면 큰 것이 된다.

"누나, 100원, 200원 모아 봤자 뭐해. 그냥 다 써."

돼지 저금통에 동전을 넣는 서우를 보며 서진이가 말했어요.

"서진아, 티끌 모아 태산이라고 적은 돈도 열심히 모으고 또 모으면 큰돈이 된단다. 저번에 너에게 사 준 로봇 장난감도 누나가 이렇게 열심히 모아서 사준 거야!"

|  | 단 | 정 | 적 |  |
|---|---|---|---|---|
| 견 |  |  |  | 문 |
| 주 |  |  | 설 |  |
| 다 |  | 논 | 관 | 점 |

정답

# 하릴없이

달리 어떻게 할  이 없이

| 교과서 쏙 | 민서는 그네에 앉아 하릴없이 친구만 기다렸습니다. |
| --- | --- |
| 실생활 쏙 | 눈이 많이 와서 하릴없이 집에만 있어야 하는 강아지가 짜증을 부렸다. |
| 비슷한 어휘 | 속절없이: 달리 어찌할 방법이 없어 단념할 수밖에 |

# 무료하다

無 없을 **무** 聊 귀울 **료**

흥미 있는 일이 없어  하고 지루하다.

할 것도 없고,
무료하네….

| 교과서 쏙 | 할머니께서는 항상 무료하게 창밖을 바라보셨습니다. |
|---|---|
| 실생활 쏙 | 휴일인데 할 일이 없어서 시시한 게임을 하며 무료함을 달랬다. |
| 비슷한 어휘 | 심심하다: 하는 일이 없어 지루하고 재미없다. |

정답
방법

# 자립

自 스스로 **자** 立 설 **립**

남에게  하지 않고 스스로 섬.

| 교과서 쏙 | 가난한 나라의 자립을 위해 우리나라의 기술을 전해 주자. |
| --- | --- |
| 실생활 쏙 | 자립심을 기르기 위해 오늘부터 숙제는 스스로 할 거야. |
| 비슷한 어휘 | 자주: 남의 보호나 간섭을 받지 않는 상태<br>독립: 다른 것에 속하거나 의존하지 않는 상태 |

정답
심심

# 동기

動 움직일 동 機 틀 기

어떤 일이나 행동을 일으키게 하는

| | |
|---|---|
| 교과서 쏙 | 이 책을 쓰게 된 동기는 무엇인가요? |
| 실생활 쏙 | 영지는 평소에는 게으르지만, 동기만 부여되면 가장 열심히 하는 친구야. |
| 비슷한 어휘 | 계기: 어떤 일이 일어나거나 변화하도록 만드는 원인 |

정답
의지

# 역량

自 스스로 자 立 설 립

어떤 일을 해낼 수 있는

| 교과서 쏙 | 우리나라 국가대표가 뛰어난 역량을 발휘하여 올림픽에서 금메달을 땄습니다. |
| --- | --- |
| 실생활 쏙 | 너의 역량을 발휘하면 충분히 해낼 수 있을 거야. |
| 비슷한 어휘 | 능력: 어떤 일을 해낼 수 있는 힘 |

정답 원인

# 12월 29일

## 이번 주 어휘

### 하릴없이, 무료하다, 자립, 동기, 역량

☆ 이번 주 어휘를 보고 사다리를 타고 내려간 곳에 알맞은 어휘를 생각해 보세요.

| 스마트폰을 잃어버려서 너무 심심해…. | 너는 충분히 이 일을 해낼 수 있어. | 이번 수학 시험 다 맞으면 로봇 사 줄게! | 남에게 의지하지 않고 나 스스로 해낼 거야. |

1.　　　　　2.　　　　　3.　　　　　4.

---

### 스스로 평가

| 이번 주 어휘의 뜻을 정확하게 이해했나요? | ☆☆☆ |
| 정리 쏙쏙을 잘 맞혔나요? | ☆☆☆ |

정답 힌트

# 박장대소

拍 칠 **박**　掌 손바닥 **장**　大 클 **대**　笑 웃을 **소**

박수를 치며 크게 웃음.

"임금님! 아무것도 입지 않았네요. 벌거벗은 임금님이야!"

그제야 사람들은 모두 박장대소를 했어요. 바보 눈에는 안 보이는 옷이라는 말에 옷이 보이는 척, 멋진 옷을 입은 척했던 임금님은 너무 부끄러웠어요.

1. 자립　2. 역량　3. 동기　4. 무료하다

# 하늘이 무너져도 솟아날 구멍이 있다.

힘든 상황에서도 해결할 방법이 있다.

미끌미끌한 참기름을 바르고 나무를 오르는 호랑이의 모습을 보고 긴장이 풀린 동생이 웃으며 도끼로 올라와야 한다는 것을 말해버렸어요. 성큼성큼 올라오는 호랑이에 사색이 된 오누이는 하늘에 빌었고 새 동아줄이 스르륵 내려왔어요.

"하늘이 무너져도 솟아날 구멍은 있다더니 하늘이시여, 감사합니다."